工业和信息化高等教育
"十二五"规划教材立项项目

高等职业院校
机电类"十二五"规划教材

电气控制与PLC 综合应用技术

（第2版）

Electrical Control and Integrated Application
of PLC Technology (2nd Edition)

◎ 张伟林 李海霞 主编

◎ 高新涛 张雨薇 副主编

人民邮电出版社
北京

精品系列

图书在版编目（CIP）数据

电气控制与PLC综合应用技术 / 张伟林，李海霞　主编. -- 2版. -- 北京：人民邮电出版社，2015.2（2023.8重印）
高等职业院校机电类"十二五"规划教材
ISBN 978-7-115-38364-8

Ⅰ. ①电… Ⅱ. ①张… ②李… Ⅲ. ①电气控制－高等职业教育－教材②plc技术－高等职业教育－教材 Ⅳ. ①TM571.2②TM571.6

中国版本图书馆CIP数据核字(2015)第009437号

内 容 提 要

　　本书根据高职高专教学改革的精神，紧密结合当前社会对机电类人才技能结构的要求，以国内目前使用最多的西门子S7-200系列小型PLC为主要对象，详细介绍了PLC、变频器和触摸屏在电气控制方面的综合应用技术。

　　本书既着重于讲述PLC、变频器和触摸屏在电气控制中的基本应用知识和基本操作技能，并结合生产实际介绍其综合应用技术，采用"边学边做"的教学方法，使读者较快掌握书中内容。

　　本书可作为高职高专院校机电、工业自动化、电气等相关专业的教材，也可供从事机电、电气等行业的工程技术人员参考使用。

◆ 主　编　张伟林　李海霞
　　副主编　高新涛　张雨薇
　　责任编辑　刘盛平
　　执行编辑　王丽美
　　责任印制　杨林杰

◆ 人民邮电出版社出版发行　　北京市丰台区成寿寺路11号
　　邮编　100164　电子邮件　315@ptpress.com.cn
　　网址　https://www.ptpress.com.cn
　　涿州市京南印刷厂印刷

◆ 开本：787×1092　1/16
　　印张：15　　　　　　　　2015年2月第2版
　　字数：397千字　　　　　2023年8月河北第20次印刷

定价：35.00元
读者服务热线：(010)81055256　印装质量热线：(010)81055316
反盗版热线：(010)81055315

目前，以 PLC、变频器和触摸屏为主体的新型电气控制系统已广泛应用于各个生产领域。为了适应现代企业对高级机电技术人员既有较新知识，又有较强能力的素质要求，我们编写了这本适合高职高专院校机电类及相关专业使用的教材。本书以国内目前使用最多的西门子 S7-200 系列小型 PLC 为主要对象，详细介绍了 PLC、变频器和触摸屏在电气控制方面的综合应用技术。

本书第 1 版出版后，受到广大师生的欢迎。结合目前电气控制系统的发展情况，在听取众多使用本书师生宝贵意见和建议的基础上，本书第 2 版做了以下几个方面的修订。

（1）对本书第 1 版中存在的问题进行修改，删除部分较难且不常用的内容。

（2）重新绘制电气原理图。新版电气原理图不仅图形清晰，容易识图，而且便于接线，有利于学生实习操作。

（3）书中所用 PLC、变频器和触摸屏均采用西门子产品。

（4）增加 PLC 网络通信与控制内容。

本书适用于理论实习一体化教学模式，学时安排可参考学时分配表，表中带"*"号部分可选修。

学时分配表

章　节	总 学 时	理论课学时	实习课学时
第 1 章　电气控制电路	30	12	18
第 2 章　PLC 基础知识	2	2	—
第 3 章　位逻辑指令的应用	20	8	12
第 4 章　顺控继电器指令的应用	8	4	4
第 5 章　功能指令的应用	20	10	10
第 6 章　中断与高速计数器	6	4	2
第 7 章　PPI 网络控制	8	4	4
*第 8 章　变频器的使用	12	4	8
*第 9 章　模拟量扩展模块的使用	6	2	4
*第 10 章　触摸屏的使用	12	4	8
合　　计	124	54	70

本书配套的 PPT 课件和练习题答案，可在人民邮电出版社教学服务与资源网站（www.ptpedu.com.cn）下载。

　　本书由张伟林、李海霞任主编，高新涛、张雨薇任副主编。其中，第 4 章、第 9 章由张伟林编写；第 3 章、第 7 章、第 8 章和第 10 章由李海霞编写；第 1 章和第 5 章由高新涛编写；第 2 章、第 6 章和附录由张雨薇编写。

　　由于编者水平所限，书中难免存在错误与不足之处，诚恳希望广大读者批评指正，以便再次修订时加以完善。编者信箱：ZWLCN@126.com。

编　者

2014 年 11 月

目　录

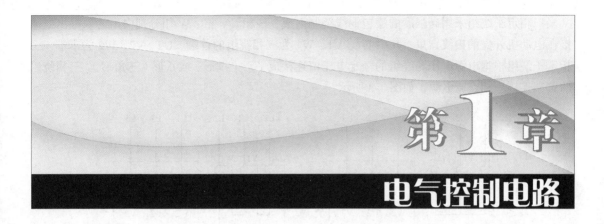

第1章

电气控制电路

工业生产中的大多数机械设备都是通过电动机进行拖动的，要使电动机按照生产工艺要求正常运转，就要组成具备相应控制功能的电路。这些电路无论简单或复杂，一般都是由点动、自锁、正反转、丫-△形（星形-三角形）降压启动等基本电气控制电路组合而成。

1.1 三相交流异步电动机

1.1.1 三相交流异步电动机的结构

三相交流异步电动机的构件分解如图1-1所示。三相交流异步电动机主要由定子（固定部分）和转子（旋转部分）两大部分构成。

1. 定子

定子由机座、定子铁芯和三相定子绕组等组成。机座通常采用铸铁或钢板制成，起到固定定子铁芯、利用两个端盖支撑转子、保护整台电动机的电磁部分和散热的作用。定子铁芯由0.35～0.50mm厚的硅钢片叠压而成，片与片之间涂有绝缘漆以减少涡流损耗，定子铁芯构成电动机的磁路部分。硅钢片内圆上冲有均匀分布的槽，用于放置对称的三相定子绕组。三相交流异步电动机的机座与定子铁芯如图1-2所示。

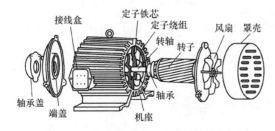

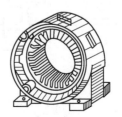

图1-1 三相交流异步电动机的构件分解图   图1-2 三相交流异步电动机的机座与定子铁芯

三相定子绕组采用高强度的漆包铜线绕制而成，U 相、V 相、W 相分别引出的 6 根出线端接在电动机外壳的接线盒里，其中 U1、V1、W1 为三相绕组的首端，U2、V2、W2 为末端。三相定子绕组根据电源电压和绕组的额定电压值连接成Y形（星形）或△形（三角形）。三相绕组的首端连接三相交流电源，如图 1-3 所示。

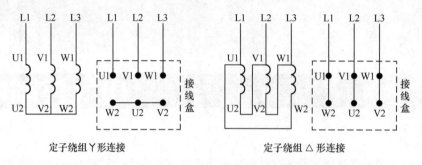

定子绕组Y形连接　　　　　　　　　定子绕组 △ 形连接

图 1-3　三相交流异步电动机的定子绕组连接方式

2. 转子

　　三相交流异步电动机的转子由转轴、转子铁芯和转子绕组等组成。转轴用来支撑转子旋转，保证定子与转子间均匀的空气隙。转子铁芯也是由硅钢片叠成，硅钢片的外圆上冲有均匀分布的槽，用来嵌入转子绕组，转子铁芯与定子铁芯构成闭合磁路。转子绕组由铜条或熔铝浇铸而成，形似鼠笼，故称为鼠笼型转子，如图 1-4 所示。

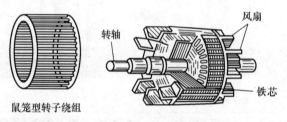

鼠笼型转子绕组

图 1-4　三相交流异步电动机的转子结构

1.1.2　三相交流异步电动机的转动原理

1. 鼠笼型转子随旋转磁极而转动的实验

　　为了说明三相交流异步电动机的转动原理，先来做一个如图 1-5 所示的实验。

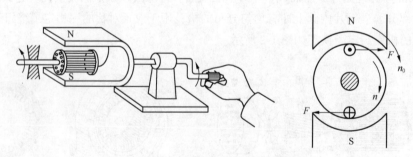

图 1-5　鼠笼型转子随旋转磁铁转动的实验

　　在实验中，鼠笼型转子与手动的旋转磁铁始终同向旋转。这是因为，当磁铁旋转时，转子导体做切割磁力线的相对运动，在闭合的转子导体中产生了感生电动势和感生电流，感生电流的方向可用右手定则判别。通有感生电流的转子导体受到磁场力的作用，电磁力 F 的方向可用左手定则来判别。于是，转子在电磁力产生的电磁转矩作用下转动，由图 1-5 可判断出转子转动的方向与磁极旋转的方向相同。

2. 旋转磁场的产生

当三相定子绕组接入三相交流电源后，绕组内便流入三相对称交流电流 i_u、i_v、i_w，三相交流电流在转子空间产生的磁场如图 1-6 所示。

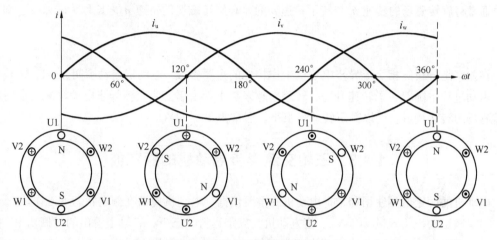

图 1-6　转子空间旋转磁场的变化

由图 1-6 可以看出，三相绕组在空间位置上互差 120°，三相交流电流在转子空间产生的旋转磁场具有 1 对磁极（N 极、S 极各 1 个）。当电流从 $\omega t = 0°$ 变化到 $\omega t = 120°$ 时，磁场在转子空间也旋转了 120°，即三相交流电流产生的合成磁场是随电流的变化在转子空间不断地旋转，这就是旋转磁场产生的原理。

三相交流电流变化一个周期，2 极（1 对磁极）旋转磁场旋转 360°，即旋转 1 圈。若电源的频率为 f_1，旋转磁场每分钟将旋转 $n_s = 60 f_1 = 60 × 50 = 3\,000 \text{r/min}$。当旋转磁场具有 4 极即 2 对磁极时，其转速仅为 1 对磁极时的一半，即 $n_s = 60 f_1 / 2 = 60 × 50 / 2 = 1\,500 \text{r/min}$。所以，旋转磁场的转速与电源频率和旋转磁场的磁极对数有关。当磁场具有 P 对磁极时，旋转磁场的转速为

$$n_s = \frac{60 f_1}{P}$$

式中：n_s ——旋转磁场的转速（r/min）；

　　　f_1 ——交流电源的频率（Hz）；

　　　P ——电动机定子绕组的磁极对数。

设电源频率为 50 Hz，电动机磁极个数与旋转磁场的转速关系见表 1-1。

表 1-1　　　　　　　电动机磁极个数与旋转磁场转速的关系（50Hz）

磁极（个）	2 极	4 极	6 极	8 极	10 极	12 极
n_s（r/min）	3 000	1 500	1 000	750	600	500

电动机转子的转动方向与旋转磁场的旋转方向相同，如果需要改变电动机转子的转动方向，必须

改变旋转磁场的旋转方向。旋转磁场的旋转方向与通入定子绕组的三相交流电流的相序有关，因此，将定子绕组接至三相交流电源的导线任意对调两根，则旋转磁场反向，电动机也随之反转。

3. 三相交流异步电动机的转动原理和转差率

当电动机的定子绕组流入三相交流电流时，转子与旋转磁场同向转动。但转子的转速不可能与旋转磁场的转速相等，因为如果两者相等，则转子与旋转磁场之间便没有相对运动，转子导体不切割磁力线，不能产生感生电动势和感生电流，转子就不会受到电磁力矩的作用。所以，转子的转速要始终小于旋转磁场的转速，这就是异步电动机名称的由来。

通常将旋转磁场的转速 n_s 与转子转速 n 的差和旋转磁场的转速 n_s 之比称为转差率，即

$$s = \frac{n_s - n}{n_s}$$

转差率是分析三相交流异步电动机工作特性的重要参数。电动机启动瞬间，$s=1$，转差率最大，启动过程中随着转子转速升高，转差率越来越小。由于三相交流异步电动机的额定转速与旋转磁场的转速接近，所以额定转差率很小，通常为 1%～7%。

1.1.3　三相交流异步电动机的额定值

电动机的额定值是使用和维护电动机的重要依据，电动机应该在额定状态下工作。

（1）额定功率（容量）（kW）。指电动机在额定运行状态下，转轴上输出的机械功率。

（2）额定电压（V）。指电动机在正常运行时，定子绕组规定使用的线电压。常用的中小功率电动机额定电压为 380V。电源电压值的波动一般不应超过额定电压的 5%，电压过高，电动机容易烧毁；电压过低，电动机可能带不动负载，也容易烧坏。

（3）额定电流（A）。指电动机在输出额定功率时，定子绕组允许通过的线电流。由于电动机启动时转速很低，转子与旋转磁场的相对速度差很大，因此，转子绕组中感生电流很大，引起定子绕组中电流也很大，所以电动机的启动电流为额定电流的 4～7 倍。通常由于电动机的启动时间很短（几秒），所以尽管启动电流很大，也不会烧坏电动机。

（4）额定频率（Hz）。指电动机的电源频率。我国交流电的频率为 50Hz，在调速时则可通过变频器改变电动机的电源频率。

（5）额定转速（r/min）。指电动机在额定电压、额定频率及输出额定功率时的转速。

（6）接法。指三相定子绕组的连接方式。在 380V 的额定电压下，小功率（3kW 以下）电动机多为 Y 形（星形）连接，中、大功率电动机为 △ 形（三角形）连接。

1.1.4　三相交流异步电动机的检查与测试

（1）机械检查。电动机的安装基础应牢固，以免电动机运行时产生振动。用手旋转转轴，能平稳地转动，不应出现较大的摩擦声和机械撞击声。

（2）接线可靠。接线端子处无打火痕迹，机壳采取接地保护。

（3）定子绕组直流电阻的测试。用万用表电阻挡测试三相定子绕组的直流电阻，三相绕组的阻值应均匀相等，正常阻值为几欧姆至十几欧姆。

（4）定子绕组绝缘电阻的测试。用 500V 兆欧表测试三相定子绕组相互间的绝缘电阻和三相定子绕组对机座的绝缘电阻，阻值应为 0.5MΩ以上。

（5）运行电流的测试。电动机启动后注意观察运行情况，启动结束后用钳形电流表测量电动机的空载电流和负载电流，检查三相交流电流是否对称和符合额定值要求。

1.2 直接启动控制电路

开关属于控制电器。负荷开关可以在照明、电热设备及小容量电动机控制电路中手动不频繁地接通和断开电路，其熔体可起短路或过载保护作用。

1.2.1 开启式刀开关

1. 结构、电路符号和型号规格

开启式刀开关主要由静触点、动触点和熔体构成，结构如图 1-7（a）所示。图 1-7（b）所示为 HRTO 熔断式刀开关，额定电压 380V，额定电流 100～400A。开启式刀开关的电路符号如图 1-7（c）所示，型号规格如图 1-7（d）所示。例如，HK1-30/3 表示额定电压为 380V、额定电流为 30A 的三极开启式刀开关。

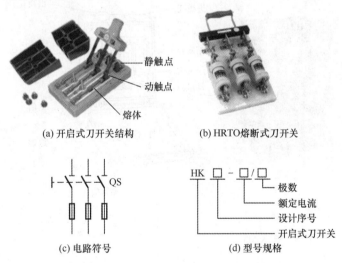

(a) 开启式刀开关结构　　　　　(b) HRTO熔断式刀开关

(c) 电路符号　　　　　(d) 型号规格

图 1-7　开启式刀开关的结构、电路符号和型号规格

2. 选用方法

（1）用于照明和电热负载时，选用额定电压为 220V 或 250V，额定电流稍大于电路所有负载的额定电流之和的两极刀开关。

（2）用于电动机直接启动控制时，选用额定电压 380V 或 500V，额定电流大于或等于电动机额定电流 3 倍的三极刀开关。

3. 安装与使用

（1）必须垂直安装在控制屏或开关板上，静触点在上部接电源，动触点在下部接负载，不允许倒装或平装，以防止发生误合闸事故。

（2）在分断或接通电路时，应迅速果断地拉合闸，以使电弧尽快熄灭。

（3）由于开启式刀开关没有灭弧装置，其分断电流只能达到额定电流的 1/3，所以只能接通或断开小于分断电流的负荷。

1.2.2　封闭式负荷开关

1. 结构、电路符号和型号规格

封闭式负荷开关主要由操作机构、触点系统、熔断器和铁质外壳组成，因其外壳多为铸铁或薄钢板制成，故又俗称铁壳开关。铁壳开关有以下特点。

（1）有封闭的铁壳，防护性能好。

（2）装有速断弹簧和灭弧装置，能迅速熄灭电弧。

（3）设有机械联锁装置，保证开关在合闸状态下开关盖不能开启，而当开关盖开启时又不能合闸，以确保操作安全。

封闭式负荷开关的外形、内部结构、电路符号和型号规格如图 1-8 所示。

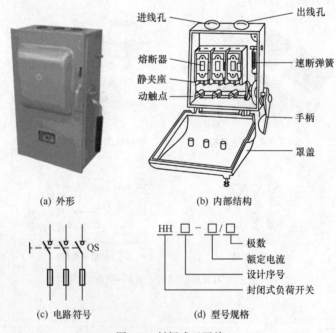

(a) 外形　　　　　　　(b) 内部结构

(c) 电路符号　　　　　(d) 型号规格

图 1-8　封闭式刀开关

2. 选用方法

封闭式负荷开关一般多用于电动机控制，其额定电流应大于或等于电动机额定电流的 3 倍，额定电压应大于或等于电路的工作电压。由于封闭式负荷开关有灭弧装置，其分断电流可以小于或等于电动机的额定电流。

负荷开关的金属外壳应做接地保护，其他安装事项与开启式刀开关相同。

1.2.3 组合开关

组合开关又称为转换开关，主要在电气设备中作为电源引入开关。

图 1-9 所示为 HZ10 系列组合开关。开关有 3 对静触点，分别装在 3 层绝缘垫板上，并附有接线端伸出盒外，以便和电源及用电设备相接，3 个动触点装在附有手柄的绝缘杆上，手柄每次转动 90°，带动 3 个动触点分别与 3 对静触点接通或断开。

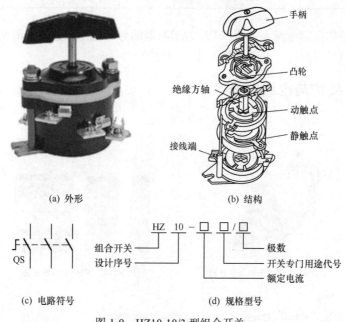

图 1-9 HZ10-10/3 型组合开关

1.2.4 隔离开关

图 1-10 所示为 HL32 型隔离开关，有单极、2 极、3 极和 4 极类型，适用于额定电压 400V以下，额定电流 100A 以下的场所。用作电源在负载情况下的不频繁操作，具有明显通断状态指示，采取导轨安装和安全性高的指触防护接线端子，目前已取代组合开关在电气设备上广泛应用。

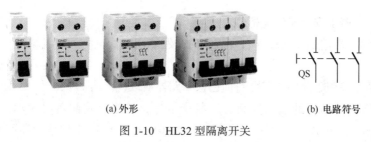

图 1-10 HL32 型隔离开关

1.2.5　熔断器

熔断器属于保护电器，使用时串联在被保护的电路中，其熔体在过流时迅速熔化切断电路，起到保护用电设备和线路安全运行的作用。熔断器在一般低压照明电路或电热设备中用作过载和短路保护，在电动机控制电路中用作短路保护。表 1-2 所示为熔体的安秒特性列表。

表 1-2　　　　　　　　　　　　常用熔体的安秒特性

熔体通过电流（A）	$1.25I_N$	$1.6I_N$	$1.8I_N$	$2I_N$	$2.5I_N$	$3I_N$	$4I_N$	$8I_N$
熔断时间（s）	∞	3 600	1 200	40	8	4.5	2.5	1

表中，I_N 为熔体额定电流，通常取 $2I_N$ 为熔断器的熔断电流，其熔断时间约为 40s，因此，熔断器对轻度过载反应迟缓，一般只能用作短路保护。

1. 外形、结构与电路符号

熔断器的外形、结构与电路符号如图 1-11 所示。

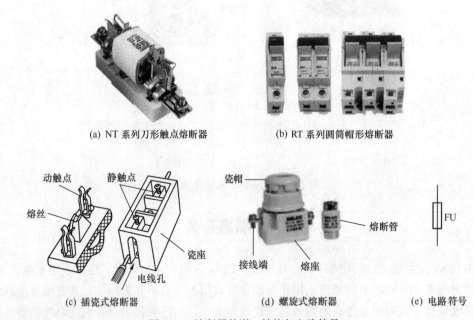

(a) NT 系列刀形触点熔断器　　　　　(b) RT 系列圆筒帽形熔断器

(c) 插瓷式熔断器　　　　(d) 螺旋式熔断器　　　　(e) 电路符号

图 1-11　熔断器外形、结构与电路符号

刀形触点熔断器多安装于配电柜。

RT 系列圆筒帽形熔断器采取导轨安装和安全性能高的指触防护接线端子，目前在电气设备中广泛应用。

插瓷式熔断器多用于照明电路，目前已被断路器所取代。

螺旋式熔断器熔断管的端口处装有熔断指示片，该指示片脱落时表示内部熔丝已断。不同规格的熔断器按电流等级配置熔断管，如 380V/60A 的 RL1 型熔断器配有 20A、25A、

30A、35A、40A、50A、60A 额定电流等级的熔断管。螺旋式熔断器底座的中心端为连接电源端子。

熔断器由熔体、熔断管和熔座 3 部分组成。

熔体：熔体常做成丝状或片状，制作熔体的材料一般有铅锡合金和铜。

熔断管：安装熔体，用作熔体的保护外壳，并在熔体熔断时兼有灭弧作用。

熔座：起固定熔断管和连接引线作用。

2. 主要技术参数

（1）额定电压。熔断器长期安全工作的电压。

（2）额定电流。熔断器长期安全工作的电流。

3. 熔体额定电流的选择

照明和电热负载：熔体额定电流应等于或稍大于负载的额定电流。

电动机控制电路：对于启动负载重、启动时间长的电动机，熔体额定电流的倍数应适当增大，反之适当减小。

对于单台电动机，熔体额定电流应大于或等于电动机额定电流的 1.5～2.5 倍。

对于多台电动机，熔体额定电流应大于或等于其中最大功率电动机的额定电流的 1.5～2.5 倍，再加上其余电动机的额定电流之和。

1.2.6　负荷开关直接启动控制电路

直接启动控制电路适用于小功率电动机，即电动机启动时绕组电压等于额定电压。中、大功率电动机多采用降压启动方式，即电动机启动时绕组电压小于额定电压。

1. 电气原理图

电气原理图是采用国家标准规定的电路图形符号和文字符号，依据电路的工作原理而绘制成的一种图形。电气原理图是分析电路工作原理，安装、调试和维修电路的重要依据。

在电气原理图中，通常电源线水平画在图纸上部，负载连线垂直画在图纸下部。图形符号均表示电器的常态（指电气器件不受力或不通电的状态），文字符号标出电器的项目代号（其中种类代号是必须的）。在如图 1-12 所示的负荷开关直接启动控制电路中，L1～L3 是三相交流电源，PE 是保护接地线。负荷开关 QS 起控制作用，熔断器 FU 起短路保护作用，电动机 M 是三相负载。

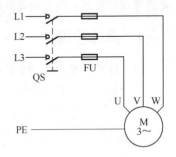

图 1-12　负荷开关直接启动控制电路电气原理图

2. 工作原理

启动：合上负荷开关 QS→电动机 M 通电运转。

停止：断开负荷开关 QS→电动机 M 断电停转。

1.2.7　实习操作：安装和操作负荷开关直接启动控制电路

1．课题要求

（1）能正确识别、选用负荷开关和熔断器。

（2）能正确安装和操作负荷开关直接启动控制电路。

2．工具及器材

工具及器材见表 1-3。

表 1-3　　　　　　　　　　　　　　　工具及器材

序　号	名　　称	型号与规格	单　位	数　　量
1	三相交流电源	～3×380V（另有保护接地线）	处	1
2	电工通用工具	验电笔、钢丝钳、螺丝刀（包括十字螺丝刀、一字螺丝刀）、电工刀、尖嘴钳、活扳手等	套	1
3	低压开关	封闭式负荷开关（HH4 系列）	只	1
4	低压熔断器	RT 系列	个	3
5	电动机	根据实习设备自定（小功率电动机）	台	1
6	导线	BVR1.5mm² 塑铜线	—	若干

3．操作注意事项

不允许带电安装元器件或连接导线，断开电源后才能进行接线操作。通电检查和运行时必须通知指导教师，在有指导教师现场监护的情况下才能接通电源。

4．操作步骤

（1）仔细观察负荷开关和熔断器，熟悉它们的外形、结构、型号及主要技术参数的意义。

（2）检查负荷开关和熔断器的好坏。

（3）在电路板上按照电气原理图安装器件，进行相应配线。

（4）经指导教师检查合格后进行通电操作。

1.3

点动控制电路

负荷开关直接启动控制电路简单，但安全性差，也不便于实现自动控制。因此，通常采用按钮、接触器来控制电动机的启动或停止，负荷开关仅起电源隔离作用。

1.3.1　按钮

按钮属于控制电器。按钮并不直接控制主电路的通断，而是控制接触器的线圈，再通过接触器的主触点去控制主电路的通断。图 1-13 所示为控制设备中常用按钮及按钮的结构、电路符号与型号规格。

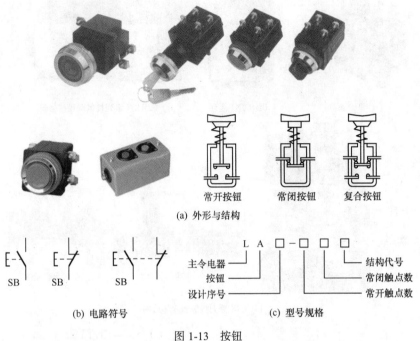

图 1-13　按钮

1.　分类与型号规格

按钮一般分为常开按钮、常闭按钮和复合按钮，其电路符号如图 1-13（b）所示。按钮的型号规格如图 1-13（c）所示，例如，LA10-2K 表示为开启式两联按钮。常用按钮的额定电压为 380V，额定电流为 5A。

2.　按钮的选用

（1）根据使用场合和用途选择按钮的种类。例如，手持移动操作应选用带有保护外壳的按钮；嵌装在操作面板上可选用开启式按钮；需显示工作状态可选用光标式按钮；为防止无关人员误操作，在重要场合应选用带钥匙操作的按钮。

（2）合理选用按钮的颜色。停止按钮选用红色钮；启动按钮优先选用绿色钮，但也允许选用黑、白或灰色钮；一钮双用（启动/停止）不得使用绿、红色，而应选用黑、白或灰色钮。

1.3.2　接触器

接触器属于控制电器，是依靠电磁吸引力与复位弹簧反作用力配合动作，而使触点闭合或断开的电磁开关，主要控制对象是电动机。具有控制容量大、工作可靠、操作频率高、使用寿命长和便于自动化控制的特点，但本身不具备短路和过载保护，因此，常与熔断器、热继电器等配合使用。

1. 结构

交流接触器的外形、结构、电路符号及型号规格如图 1-14 所示。

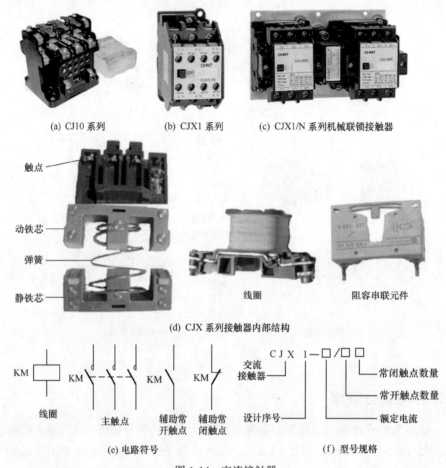

(a) CJ10 系列　　(b) CJX1 系列　　(c) CJX1/N 系列机械联锁接触器

(d) CJX 系列接触器内部结构

(e) 电路符号　　　　　　　　　(f) 型号规格

图 1-14　交流接触器

接触器主要由电磁系统、触点系统和灭弧装置等组成。

（1）电磁系统。电磁系统主要由线圈、静铁芯和动铁芯 3 部分组成。为了减少铁芯的涡流损耗，铁芯用硅钢片叠压而成。线圈的额定电压分别为 380V、220V、110V 和 36V，供使用不同电压等级的控制电路选用。

CJX 系列的接触器在线圈上可方便地插接配套的阻容串联元件，以吸收线圈通、断电时产生的感生电动势，延长 PLC 输出端物理继电器触点的寿命。

（2）触点系统。交流接触器采用双断点的桥式触点，通常有 3 对主触点，2 对辅助常开触点和 2 对辅助常闭触点，辅助触点的额定电流均为 5A。低压接触器的主、辅触点的额定电压均为 380V。CJX 接触器可组装积木式辅助触点组、空气延时头、机械联锁机构等附件，组成延时接触器、丫-△形启动器等。

（3）灭弧装置。通常主触点额定电流在 10A 以上的接触器都有灭弧罩，作用是减小和消除触点电弧。灭弧罩对接触器的安全使用起着重要的作用。

2. 电路符号与型号规格

接触器的电路符号如图 1-14（e）所示。型号规格如图 1-14（f）所示，例如，CJX1-16/22 表示主触点为额定电流 16A、有 2 对常开和 2 对常闭辅助触点的交流接触器。

3. 交流接触器的工作原理

交流接触器的工作原理如图 1-15 所示。接触器的线圈和静铁芯固定不动，当线圈通电时，铁芯线圈产生电磁吸力，将动铁芯吸合并带动动触点运动，使常闭触点分断，常开触点接通电路。当线圈断电时，电磁吸力消失，动铁芯依靠弹簧的作用而复位，其常开触点切断电路，常闭触点恢复闭合。

4. 交流接触器的选用

（1）主触点额定电压的选择。接触器主触点的额定电压应大于或等于被控制电路的额定电压。

（2）主触点额定电流的选择。接触器主触点的额定电流应大于或等于电动机的额定电流。如果用作电动机的频繁启动、制动及正反转的场合，应选择高一个等级的额定电流。

图 1-15　交流接触器工作原理

（3）线圈额定电压的选择。线圈的额定电压应与设备控制电路的电压等级相同。通常使用 380V 或 220V 的电压，如从安全考虑需用较低电压时，也可选用 36V 或 110V 电压的线圈，但要通过变压器降压供电。

CJX 系列交流接触器采取导轨安装和安全性高的指触防护接线端子，目前在电气设备上广泛应用。

1.3.3　中间继电器

中间继电器属于控制电器，在电路中起着信号传递、转换和分配等作用。中间继电器的外形与电路符号如图 1-16 所示。

(a) DZ-30B 系列直流中间继电器

(b) JZC4 系列交流中间继电器

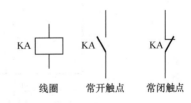

(c) 电路符号

图 1-16　中间继电器

交流中间继电器的结构和动作原理与交流接触器相似，不同点是中间继电器只有辅助触点，触点的额定电流为5A，额定电压为380V。通常中间继电器有4对常开触点和4对常闭触点。中间继电器线圈的额定电压应与设备控制电路的电压等级相同。JZC4系列中间继电器采取导轨安装和安全性高的指触防护接线端子，在电气设备上广泛应用。

1.3.4 点动控制电路

点动控制适合于电动机短时间的启动操作，在起吊重物、生产设备调整工作状态时应用。

1. 点动控制电路

点动控制电路原理图如图1-17所示，安装接线图如图1-18所示，器件分布图如图1-19所示。

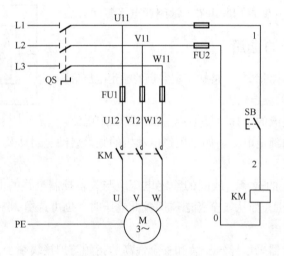

图 1-17　点动控制电路原理图

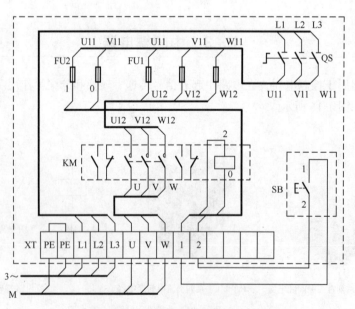

图 1-18　点动控制电路安装接线图

接线图是根据电路原理图与电器安装位置绘制的图形，在接线图中粗实线表示母线，细实线表示分支线，分支线与母线连接时呈 45° 或 135°。

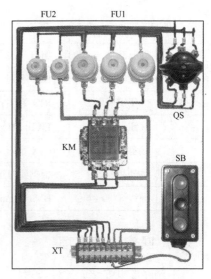

图 1-19　点动控制电路器件分布图

2. 工作原理

电气控制电路可分为主电路和控制电路。主电路是电动机电流流经的电路，主电路的特点是电压高（380V），电流大。控制电路是对主电路起控制作用的电路，控制电路的特点是电压不确定（可通过变压器变压，通常电压范围为 36～380V），电流小。在电路原理图中主电路绘在左侧，控制电路按主电路中负载的动作顺序绘在右侧。接触器的主触点接入主电路，线圈接入控制电路，两者的图形符号不同，但文字符号相同，即表示为同一个电气器件。当接触器线圈通电时，主触点闭合；当接触器线圈断电时，主触点分断。

点动控制电路的工作原理如下。

合上电源组合开关 QS。

启动：按下按钮 SB→KM 线圈得电→KM 主触点闭合→电动机 M 通电运转。

停止：松开按钮 SB→KM 线圈失电→KM 主触点分断→电动机 M 断电停转。

断开电源组合开关 QS。

1.3.5　实习操作：安装和操作点动控制电路

1. 课题要求

（1）能正确检查和选用按钮与交流接触器。

（2）能正确安装和操作接触器点动控制电路。

（3）布线整齐美观，走线横平竖直，导线改变方向时转角为直角。

（4）安全操作、文明生产。

（5）不丢失和损坏设备、工具和器件。

2. 工具及器材

工具及器材见表 1-4。

表 1-4　　　　　　　　　　　　　　　　工具及器材

序　号	名　　称	型号与规格	单　位	数　量
1	三相交流电源	～3×380V（另有保护接地线）	处	1
2	电工通用工具	验电笔、钢丝钳、螺丝刀（包括十字螺丝刀、一字螺丝刀）、电工刀、尖嘴钳、活扳手等	套	1

续表

序　号	名　　称	型号与规格	单　位	数　量
3	低压开关	组合开关（HZ10 系列）	只	1
4	低压熔断器	RL1 系列，60A	个	3
5	低压熔断器	RL1 系列，15A	个	2
6	按钮	LA10-2H	个	1
7	接触器	CJX 系列（线圈电压 380V）	个	1
8	电动机	根据实习设备自定	台	1
9	导线	BVR1.5mm² 塑铜线	—	若干

3. 操作注意事项

不允许带电安装元器件或连接导线，在有指导教师现场监护的情况下才能接通电源。禁止带负荷分断电源开关。

4. 操作步骤

（1）仔细观察各种不同类型、规格的按钮和接触器，熟悉它们的外形、结构、型号及主要技术参数的意义和动作原理。

（2）检测按钮和接触器的质量好坏，特别要注意检查接触器线圈电压是否符合控制电路的电压等级。

（3）按照图 1-17～图 1-19 所示在控制板上安装元器件和接线，要求各元器件安装位置整齐、匀称，间距合理。

（4）检查安装的电路是否符合安装规范及控制要求。

（5）经指导教师检查合格后进行通电操作。

1.4

自锁控制电路

在生产过程中，常常要求电动机能够长时间连续工作，显然点动控制不能满足生产要求，需要具有连续运行功能的控制电路。

1.4.1　自锁控制电路

在启动按钮的两端并联一对接触器的辅助常开触点，当松开启动按钮后，虽然按钮复位分断，但依靠接触器的辅助常开触点仍可保持控制电路接通。像这种松开启动按钮后，接触器线圈通过自身辅助常开触点仍保持通电状态称为自锁，起自锁作用的辅助常开触点称为自锁触点。自锁触点具有"常开、并联"的特点。

1. 自锁控制电路

自锁控制电路电气原理图如图 1-20 所示。

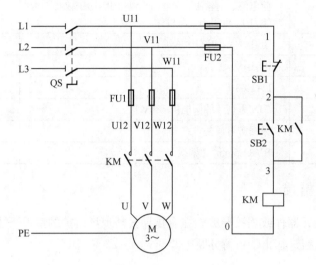

图 1-20　自锁控制电路原理图

2. 工作原理

合上电源组合开关 QS。

接触器自锁控制电路具有欠压和失压保护功能。

（1）欠压保护。当电路电压下降到一定值时，接触器电磁系统产生的电磁吸力减小。当电磁吸力减小到小于复位弹簧的弹力时，动铁芯就会释放，主触点和自锁触点同时分断，自动切断主电路和控制电路，使电动机断电停转，起到了欠压保护的作用。

（2）失压保护。失压保护是指电动机在正常工作时，由于某种原因突然断电时，能自动切断电动机的电源，而当重新供电时，保证电动机不可能自行启动的一种保护。

1.4.2　实习操作：安装和操作自锁控制电路

1. 课题要求

能正确安装和操作电动机自锁控制电路。

2. 工具及器材

工具及器材见表 1-5。

表 1-5　　　　　　　　　　　　　　　　　　工具及器材

序　号	名　　　称	型号与规格	单　位	数　量
1	三相交流电源	～3×380V（另有保护接地线）	处	1
2	电工通用工具	验电笔、钢丝钳、螺丝刀（包括十字螺丝刀、一字螺丝刀）、电工刀、尖嘴钳、活扳手等	套	1
3	低压开关	组合开关（HZ10 系列）	只	1
4	低压熔断器	RT 系列	个	5
5	按钮	LA10-3H	个	1
6	接触器	CJX 系列（线圈电压 380V）	个	1
7	电动机	根据实习设备自定	台	1
8	导线	BVR1.5mm^2 塑铜线	—	若干

3. 操作注意事项

不允许带电安装元器件或连接导线，在有指导教师现场监护的情况下才能接通电源。停止时必须先按下停止按钮，禁止带负荷分断电源开关。

4. 操作步骤

（1）按图 1-21 所示的安装接线图在控制板上安装元器件和配线，要求各元器件安装应整齐、匀称，间距合理。

（2）经指导教师检查合格后进行通电操作。

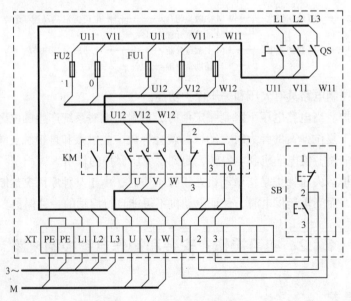

图 1-21　自锁控制电路安装接线图

1.4.3　热继电器

热继电器是利用电流热效应工作的保护电器。它主要与接触器配合使用，用作电动机的过载保护。图 1-22 所示为常用的几种热继电器的外形图。

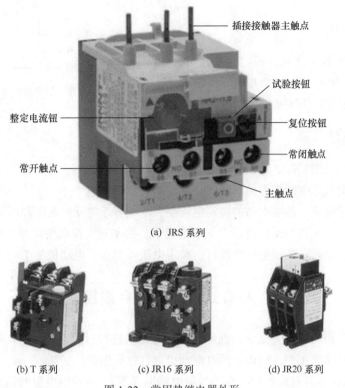

(a) JRS 系列

(b) T 系列 　　(c) JR16 系列 　　(d) JR20 系列

图 1-22　常用热继电器外形

JRS 系列热继电器可与接触器插接安装，也可独立安装，且采取安全性能高的指触防护接线端子，目前在电气设备上广泛应用。

1. 热继电器结构与电路符号

目前使用的热继电器有两相和三相两种类型。图 1-23（a）所示为两相双金属片式热继电器。它主要由热元件、传动推杆、触点、电流整定旋钮和复位杆组成。动作原理如图 1-23（b）所示，电路符号如图 1-23（c）所示。

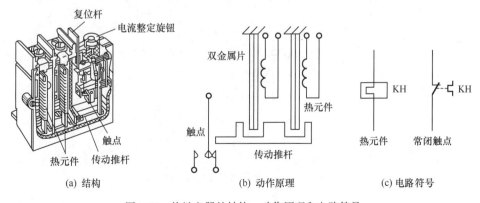

(a) 结构 　　(b) 动作原理 　　(c) 电路符号

图 1-23　热继电器的结构、动作原理和电路符号

热继电器的整定电流是指热继电器长期连续工作而不动作的最大电流，整定电流的大小可通过电流整定旋钮来调整。

2. 型号规格

型号规格如图 1-24 所示，额定电流有 9A、12A、16A、25A、40A、50A、63A 7 个规格。例如，JRS1-12 表示额定电流 12A 的三相热继电器。

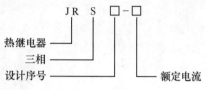

图 1-24　热继电器的型号规格

3. 选用方法

（1）选类型。一般情况，可选择两相或普通三相结构的热继电器，但对于△形接法的电动机，应选择三相结构并带断相保护功能的热继电器。

（2）选择额定电流。热继电器的额定电流要大于或等于电动机的工作电流。

（3）合理整定热元件的动作电流。一般情况下，将整定电流调整在与电动机的额定电流相等即可。但对于启动时负载较重的电动机，整定电流可略大于电动机的额定电流。

1.4.4　具有过载保护的自锁控制电路

点动控制属于短时工作方式，因此不需要对电动机进行过载保护。而自锁控制电路中的电动机往往要长时间连续工作，所以必须对电动机进行过载保护。

图 1-25 所示为具有过载保护的自锁控制电路原理图。将热继电器的热元件串联接入主电路，常闭触点串联接入控制电路。当电动机正常工作时，热继电器不动作。当电动机过载且时间较长时，热元件因流发热引起温度升高，使双金属片受热膨胀弯曲变形，推动传动推杆使热继电器常闭触点分断，切断控制电路，使接触器线圈失电断开主电路，实现对电动机的过载保护。

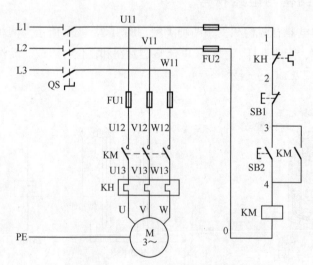

图 1-25　具有过载保护的自锁控制电路原理图

由于热继电器的热元件具有热惯性，所以热继电器从过载到触点分断需要延迟一定的时间，即热继电器具有延时动作特性。这正好符合电动机的启动要求，否则电动机在启动过程中也会因过载而断电。但是，正是由于热继电器的延时动作特性，即使负载短路也不会瞬时断开，因此热继电器不能用作短路保护。

热继电器的复位应在过载断电几分钟后待热元件和双金属片冷却后进行。

1.4.5　实习操作：安装和操作具有过载保护的自锁控制电路

1．课题要求

（1）能正确识别、安装和使用热继电器。
（2）能正确安装和操作具有过载保护的电动机自锁控制电路。

2．工具及器材

工具及器材见表1-6。

表 1-6　　　　　　　　　　　　　　　　　工具及器材

序　号	名　　称	型号与规格	单　位	数　量
1	三相交流电源	～3×380V（另有保护接地线）	处	1
2	电工通用工具	验电笔、钢丝钳、螺丝刀（包括十字口螺丝刀、一字口螺丝刀）、电工刀、尖嘴钳、活扳手等	套	1
3	低压开关	组合开关（HZ10系列）	只	1
4	低压熔断器	RT系列	个	5
5	按钮	LA10-3H	个	1
6	接触器	CJX系列（线圈电压380V）	个	1
7	热继电器	JRS系列，根据电动机自定	个	1
8	电动机	根据实习设备自定	台	1
9	导线	BVR1.5mm² 塑铜线	—	若干

3．操作注意事项

不允许带电安装元器件或连接导线，在有指导教师现场监护的情况下才能接通电源。停止时必须先按下停止按钮，禁止带负荷分断电源开关。

4．操作步骤

（1）仔细观察各种不同类型、规格的热继电器，熟悉它们的外形、结构、型号及主要技术参数的意义和动作原理，并设定整定电流值。
（2）按图1-25、图1-26所示在控制板上安装元器件和配线，要求各元器件安装应整齐、匀称，间距合理。
（3）经指导教师检查合格后进行通电操作。

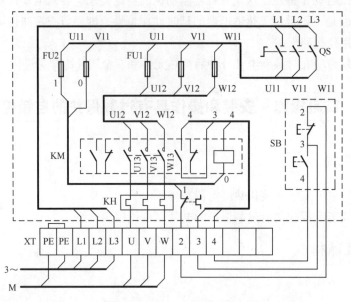

图 1-26　具有过载保护的自锁控制电路安装接线图

1.5

点动与自锁混合控制、多地控制及顺序控制电路

在电气控制电路中，除了使用熔断器和热继电器分别作为短路和过载保护外，还常使用低压断路器作为保护器件。点动与自锁混合控制、多地控制及顺序控制都是在生产实际中常用的控制方式。

1.5.1　低压断路器

低压断路器集控制和保护于一体，在电路正常工作时，可作为电源开关进行不频繁的接通和分断电路；而在电路发生短路或过载等故障时，又能自动切断电路，起到保护作用，有的断路器还具备漏电保护和欠压保护功能。低压断路器外形结构紧凑、体积小，采用导轨安装，目前常用于电气设备中取代组合开关、熔断器和热继电器。常用的 DZ 系列低压断路器如图 1-27 所示。

1. DZ5 系列低压断路器的内部结构和电路符号

DZ5 系列低压断路器的内部结构及断路器的电路符号如图 1-28 所示。它主要由动触点、静触点、操作机构、灭弧装置、保护机构及外壳等部分组成。其中保护机构由热脱扣器（起过载保护作用）和电磁脱扣器（起短路保护作用）构成。

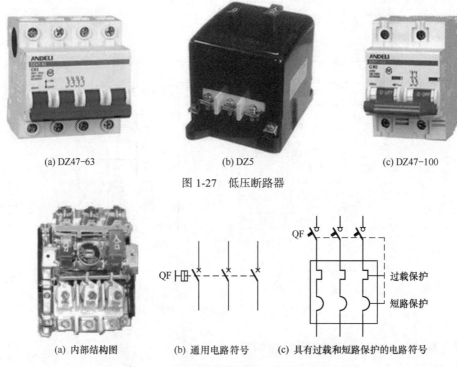

(a) DZ47-63　　　　(b) DZ5　　　　(c) DZ47-100

图 1-27　低压断路器

(a) 内部结构图　　　(b) 通用电路符号　　　(c) 具有过载和短路保护的电路符号

图 1-28　DZ5 系列低压断路器的内部结构和电路符号

2. 型号规格

例如，DZ5-20/330 表示额定电流 20A 的三极复式塑壳式断路器，如图 1-29 所示。

图 1-29　DZ5 系列低压断路器的型号规格

3. 选用方法

（1）低压断路器的额定电压和额定电流应等于或大于电路的工作电压和工作电流。

（2）热脱扣器的额定电流应大于或等于电路的最大工作电流。

（3）热脱扣器的整定电流应等于被控制电路正常工作电流或电动机的额定电流。

1.5.2　点动与自锁混合控制电路

生产设备在正常运行时，一般采取连续方式，但有的设备运行前需要先用点动方式调整工作状态，点动与自锁混合控制电路就能实现这种工艺要求。点动与自锁混合控制电路如图 1-30 所示，电路中使用 3 个按钮，分别是停止按钮 SB1、启动按钮 SB2 和点动按钮 SB3。点动按钮是复合按钮，其常闭触点与接触器自锁触点串接，在按下点动按钮时，先分断了自锁电路，后接通接触器线圈，因此失去了自锁功能。

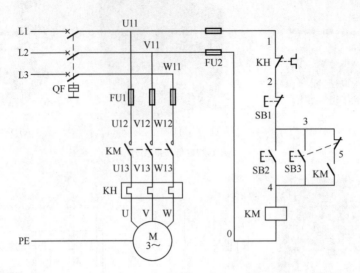

图 1-30　点动与自锁混合控制电路原理图

点动与自锁混合控制电路的工作原理如下。

（1）连续控制。

（2）点动控制。

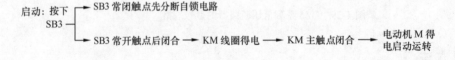

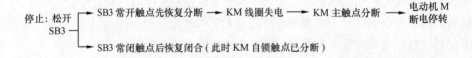

1.5.3　实习操作：安装和操作点动与自锁混合控制电路

1. 课题要求

能正确安装和操作点动与自锁混合控制电路。

2. 工具及器材

工具及器材见表 1-7。

表 1-7 工具及器材

序 号	名 称	型号与规格	单 位	数 量
1	三相交流电源	~3×380V（另有保护接地线）	处	1
2	电工通用工具	验电笔、钢丝钳、螺丝刀（包括十字螺丝刀、一字螺丝刀）、电工刀、尖嘴钳、活扳手等	套	1
3	低压断路器	DZ5-20/330	只	1
4	低压熔断器	RT 系列	个	5
5	按钮	LA10-3H	个	1
6	接触器	CJX 系列（线圈电压 380V）	个	1
7	热继电器	JRS 系列，（根据电动机自定）	个	1
8	电动机	根据实习设备自定	台	1
9	导线	BVR1.5mm² 塑铜线	—	若干

3. 操作注意事项

不允许带电安装元器件或连接导线，在有指导教师现场监护的情况下才能接通电源。停止时必须先按下停止按钮，禁止带负荷分断电源开关。

4. 操作步骤

（1）按图 1-30、图 1-31 所示在控制板上安装元器件和配线，要求各元器件安装应整齐、匀称，间距合理。

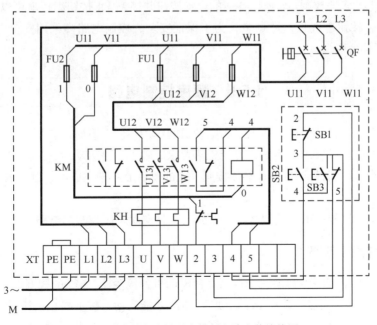

图 1-31 点动与自锁混合控制电路安装接线图

（2）经指导教师检查合格后进行通电操作。

1.5.4 多地控制电路

有的生产设备机身很长，启动和停止操作又比较频繁，为了减少操作人员的行走时间，提高设备运行效率，常在设备机身多处安装控制按钮。图 1-32 所示为两地自锁控制电路，其中 SB3、SB2 为安装在甲地的启动/停止按钮；SB4、SB1 为安装在乙地的启动/停止按钮。电路的特点是：两地的启动按钮 SB3、SB4 并联连接，停止按钮 SB1、SB2 串联连接，这样就可以分别在甲、乙两地操作控制同一台电动机。

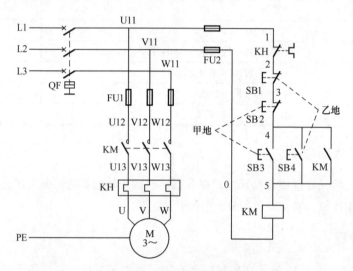

图 1-32 多地控制电路原理图

对两地以上的多地控制，只要把各地的启动按钮并接、停止按钮串接就可以实现控制功能。在多地控制中，按钮连线长，数量多，为了保证安全，控制电路多采用安全电压等级（通过 380V/36V 变压器实现）。

1.5.5 顺序控制电路

在装有多台电动机的生产设备上，各电动机的作用不同，有时需要按一定的顺序启动或停止才能满足生产工艺的要求。例如，万能铣床要求主轴电动机启动后，进给电动机才能启动。像这种要求几台电动机的启动/停止必须按照一定的先后顺序来完成的控制方式，称为电动机的顺序控制。

实现电动机顺序控制的方法很多，下面介绍 3 种实现顺序控制的电路。

1. 顺序控制电路 1

顺序控制电路 1 如图 1-33 所示，在第 2 台电动机的接触器 KM2 的线圈电路中串接了 KM1 的常开触点（4、5）。显然，只有 M1 启动后，M2 才能启动；按下停止按钮时，M1、M2 同时停止运转。KM1 的常开触点（4、5）有两个作用，一是自锁，二是联锁控制 KM2。

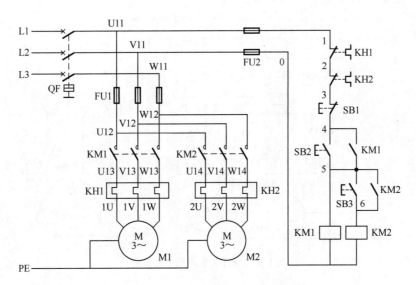

图 1-33　顺序控制电路 1 原理图

2. 顺序控制电路 2

顺序控制电路 2 如图 1-34 所示，KM2 的线圈电路中串接了 KM1 的常开触点（7、8）。显然，只有 M1 启动后，M2 才能启动；按下 M2 停止按钮 SB3 时，M2 可单独停止运转；按下 M1 停止按钮 SB1 时，M1、M2 同时停止运转。KM1 的常开触点（7、8）起联锁控制 KM2 的作用。

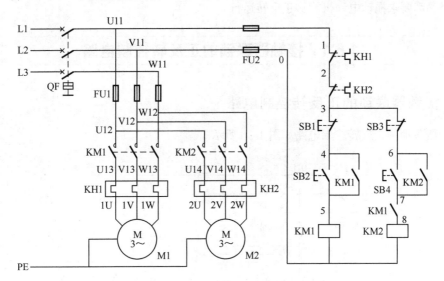

图 1-34　顺序控制电路 2 原理图

3. 顺序控制电路 3

顺序控制电路 3 如图 1-35 所示，KM2 的线圈电路中串接了 KM1 的常开触点（7、8），KM2 的常开触点（3、4）与 M1 的停止按钮 SB1 并接。实现了 M1 启动后，M2 才能启动；而 M2 停止后，M1 才能停止的控制要求，即 M1、M2 是顺序启动，逆序停止。

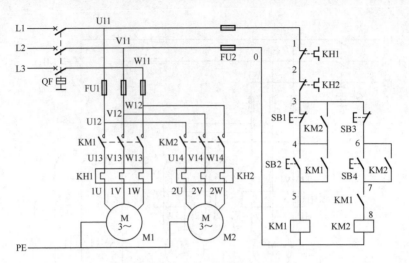

图 1-35　顺序控制电路 3 原理图

1.6 | 正反转控制电路

　　机械设备的传动部件常需要改变运动方向，例如，车床的主轴能够正反向旋转，电梯能上升或下降，都要求拖动电动机能够正反转运行。

1.6.1　接触器联锁的正反转控制电路

1. 接触器联锁的正反转控制电路

接触器联锁的正反转控制电路如图 1-36 所示。

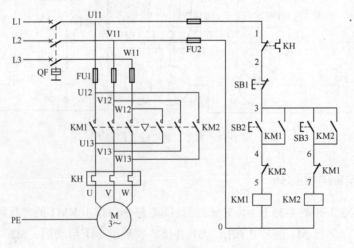

图 1-36　接触器联锁的正反转控制电路

由电动机工作原理可知，当改变三相交流电动机的电源相序时，电动机便改变转动方向。在正反转控制电路中，两个接触器引入的电源相序不同，当 KM1 主触点闭合时，电源相序为 L1—L2—L3，电动机正转；当 KM2 主触点闭合时，电源相序为 L3—L2—L1，电动机反转。

正转接触器 KM1 与反转接触器 KM2 不允许同时接通，否则会出现电源短路事故。主电路中的"▽"符号表示 KM1 与 KM2 互相机械联锁，可采用 CJX1/N 系列联锁接触器。在控制电路中，必须采用接触器联锁措施。联锁的方法是将接触器的常闭触点与对方接触器线圈电路相串联。当正转接触器工作时，其常闭触点断开反转控制电路，使反转接触器线圈无法通电工作。同理，反转接触器联锁控制正转接触器电路。在正反转控制电路中的联锁触点具有"常闭、串联"的特点。

2. 工作原理

接触器联锁的正反转控制电路的工作原理如下。

（1）正转控制。

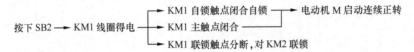

（2）停止控制。

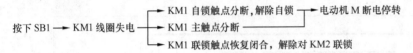

（3）反转控制。

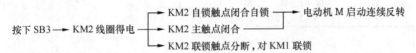

该电路的特点是：安全可靠，不会因接触器主触点熔焊不能脱开而造成短路事故，但改变电动机转向时需要先按下停止按钮，适用于对换向速度无要求的控制场合。

1.6.2　实习操作：安装和操作接触器联锁的正反转控制电路

1. 课题要求

能正确安装和操作接触器联锁的正反转控制电路。

2. 工具及器材

工具及器材见表 1-8。

表 1-8　　　　　　　　　　　　　　　　工具及器材

序　号	名　　称	型号与规格	单　位	数　量
1	三相交流电源	～3×380V（另有保护接地线）	处	1
2	电工通用工具	验电笔、钢丝钳、螺丝刀（包括十字螺丝刀、一字螺丝刀）、电工刀、尖嘴钳、活扳手等	套	1

续表

序 号	名 称	型号与规格	单 位	数 量
3	低压断路器	DZ5-20/330	只	1
4	低压熔断器	RT 系列	个	5
5	按钮	LA10-3H	个	1
6	接触器	CJX 系列（线圈电压 380V）	个	2
7	热继电器	JRS 系列，根据电动机自定	个	1
8	电动机	根据实习设备自定	台	1
9	导线	BVR1.5mm² 塑铜线	一	若干

3. 操作注意事项

不允许带电安装元器件或连接导线，在有指导教师现场监护的情况下才能接通电源。停止时必须先按下停止按钮，禁止带负荷分断电源开关。

4. 操作步骤

（1）按图 1-36、图 1-37 所示在控制板上安装元器件和配线。

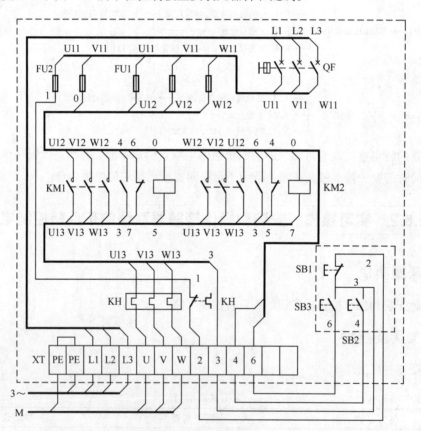

图 1-37　接触器联锁的正反转控制电路安装接线图

（2）经指导教师检查合格后进行通电操作。

1.6.3　双重联锁的正反转控制电路

1.　双重联锁的正反转控制电路

双重联锁的正反转控制电路如图 1-38 所示。

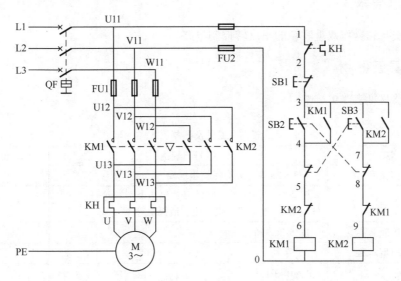

图 1-38　双重联锁的正反转控制电路

将正反转启动按钮的常闭触点与对方电路串联，就构成了接触器和按钮双重联锁的正反转控制电路。此电路在改变电动机转向时不需要按下停止按钮，适用于要求换向迅速的控制场合。

2.　工作原理

电路的工作原理如下。

（1）正转控制。

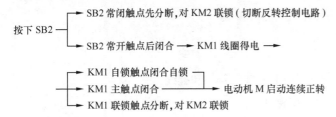

（2）反转控制。

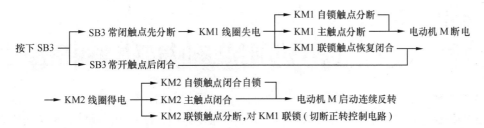

（3）停止控制。

按下 SB1，整个控制电路失电，主触点分断，电动机 M 断电停止运转。

1.6.4 实习操作：安装和操作双重联锁的正反转控制电路

1. 课题要求

能正确安装和操作双重联锁的正反转控制电路。

2. 工具及器材

工具及器材见表 1-9。

表 1-9   工具及器材

序　号	名　　称	型号与规格	单　位	数　量
1	三相交流电源	～3×380V（另有保护接地线）	处	1
2	电工通用工具	验电笔、钢丝钳、螺丝刀（包括十字螺丝刀、一字螺丝刀）、电工刀、尖嘴钳、活扳手等	套	1
3	低压断路器	DZ5-20/330	只	1
4	低压熔断器	RT 系列	个	5
5	按钮	LA10-3H	个	1
6	接触器	CJX 系列（线圈电压 380V）	个	2
7	热继电器	JRS 系列，根据电动机自定	个	1
8	电动机	根据实习设备自定	台	1
9	导线	BVR1.5mm^2 塑铜线	—	若干

3. 操作注意事项

不允许带电安装元器件或连接导线，在有指导教师现场监护的情况下才能接通电源。停止时必须先按下停止按钮，禁止带负荷分断电源开关。

4. 操作步骤

（1）按图 1-38 所示的原理图在控制板上安装元器件和配线。
（2）经指导教师检查合格后进行通电操作。

1.7 位置控制和自动往返控制电路

在生产机械上运动部件的行程或位置要受到一定范围的限制，否则可能引起机械事故。通常利用生产机械运动部件上的挡铁与限位行程开关的滚轮碰撞，使其触点动作，来接通或断开电路，实现对运动部件的行程或位置控制。图 1-39 所示为某生产设备上运动工作台的左、右限位行程开关和挡铁。

图 1-39　生产设备上运动工作台的左、右限位行程开关

行程开关除作为位置控制外，还常用作车门打开自停开关，当检修设备打开车门时，自动切断控制电路，防止设备误启动。

1.7.1　行程开关

行程开关与按钮的作用相同，但两者的操作方式不同，按钮是用手指操纵，而行程开关则是依靠生产机械运动部件的挡铁碰撞而动作的。

1. 外形、结构和电路符号

行程开关的种类很多，在电气设备中常用行程开关的外形、结构和电路符号如图 1-40 所示。

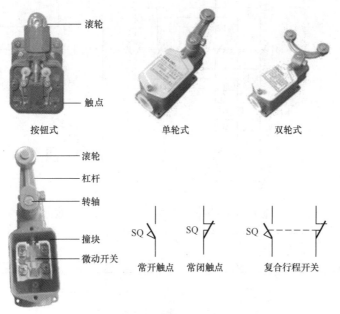

图 1-40　行程开关外形、结构与电路符号

2. 型号规格

行程开关型号规格如图 1-41 所示。例如，JLXK1-122 表示单轮旋转式行程开关，2 对常开触点和 2 对常闭触点。通常行程开关触点的额定电压为 380V，额定电流为 5A。

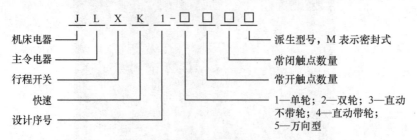

图 1-41　行程开关的型号规格

1.7.2　位置控制电路

1. 位置控制电路

位置控制电路如图 1-42 所示。

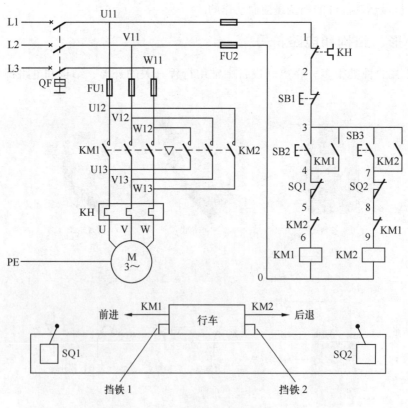

图 1-42　位置控制电路原理图

2. 电路原理

（1）行车向前运动。

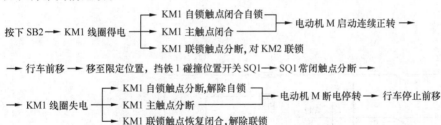

此时，即使再按下 SB2，由于 SQ1 常闭触点已分断，接触器 KM1 线圈也不会得电，保证行车不会超过 SQ1 所在的位置。

（2）行车向后运动。

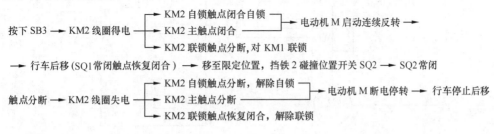

需要停止时按下 SB1 即可。

1.7.3　自动往返控制电路

有些生产机械，要求工作台在一定的行程内能自动往返运动，以实现对工件的连续加工。如图 1-43 所示的磨床工作台，在磨床机身安装了 4 个行程开关 SQ1、SQ2、SQ3 和 SQ4，其中，SQ1、SQ2 用来自动换向，当工作台运动到换向位置时，挡铁撞击行程开关，使其触点动作，电动机自动换向，使工作台自动往返运动。SQ3、SQ4 被用作终端限位保护，以防止 SQ1、SQ2 损坏时，致使工作台越过极限位置而造成事故。

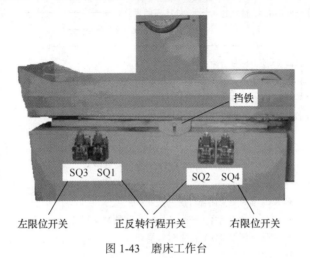

图 1-43　磨床工作台

工作台自动往返控制电路原理图如图 1-44 所示。起换向作用的行程开关 SQ1 和 SQ2 用复合开关，动作时其常闭触点先断开对方电路，然后其常开触点接通自身电路，实现自动换向功能。当行程开关 SQ3 或 SQ4 动作时切断控制电路，电动机停止运转，从而避免运动部件越出允许位置。

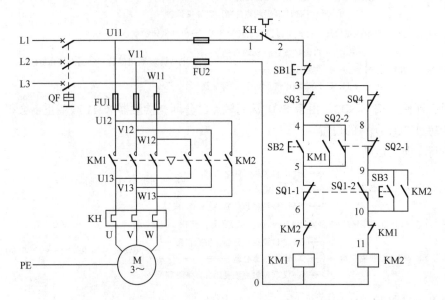

图 1-44　工作台自动往返控制电路原理图

工作台自动往返控制电路电路工作原理分析如下。

合上电源开关 QF。

（1）启动。

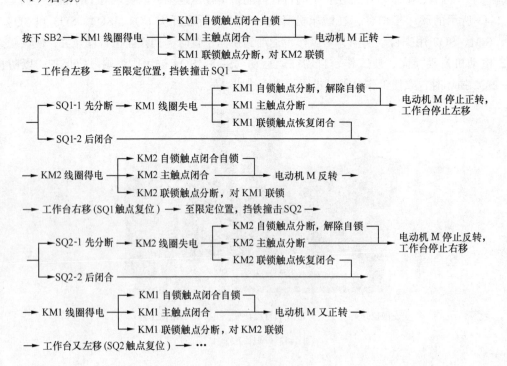

不断重复上述过程，工作台就在限定的行程内做自动往返运动。

（2）停止。

工作台自动往返停止时按下 SB1 即可。

1.7.4　实习操作：安装和操作自动往返控制电路

1. 课题要求

能正确安装和操作自动往返控制电路。

2. 工具及器材

操作所需要的元器件和电工工具见表 1-10。

表 1-10　　　　　　　　　　　　　　　工具及器材

序　号	名　　称	型号与规格	单　位	数　量
1	三相交流电源	～3×380V（另有保护接地线）	处	1
2	电工通用工具	验电笔、钢丝钳、螺丝刀（包括十字螺丝刀、一字螺丝刀）、电工刀、尖嘴钳、活扳手等	套	1
3	低压断路器	DZ5-20/330	只	1
4	低压熔断器	RT 系列	个	5
5	按钮	LA10-3H	个	1
6	热继电器	JRS 系列（根据电动机自定）	个	1
7	接触器	CJX 系列（线圈电压 380V）	个	2
8	行程开关	JLXK1-111	个	4
9	电动机	根据实习设备自定	台	1
10	导线	BVR1.5mm² 塑铜线	—	若干

3. 操作注意事项

不允许带电安装元器件或连接导线，在有指导教师现场监护的情况下才能接通电源。停止时必须先按下停止按钮，禁止带负荷分断电源开关。

4. 操作步骤

（1）仔细观察各种不同类型、规格的行程开关，熟悉它们的动作原理。

（2）按图 1-44、图 1-45 所示在控制板上安装元器件和配线。

（3）经指导教师检查合格后进行通电操作。

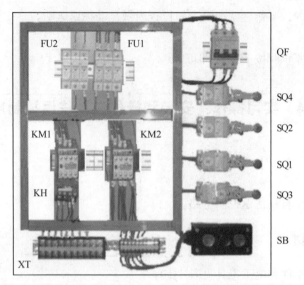

图 1-45　工作台自动往返控制电路元器件布置图

1.8 | Y-△形降压启动控制电路

　　中、大功率电动机在启动时把定子绕组接成Y形，运行时把定子绕组接成△形，这种启动方式称为Y-△形降压启动。电动机采用Y-△形降压启动可使启动时电源线电流减少为△形接法的 1/3，有效地避免了过大电流对供电线路的影响。通常利用时间继电器实现定子绕组Y-△形接法自动切换。

1.8.1　时间继电器

　　时间继电器是一种利用电子或机械原理来延迟触点动作时间的控制电器，常用的有晶体管式和空气阻尼式。图 1-46（a）、（b）、（c）所示分别为 JS14-A 系列晶体管式时间继电器的外形、内部构件和操作面板，图 1-46（d）、（e）、（f）所示为 JS7-A 系列空气阻尼式时间继电器的外形与内部结构。通常在时间继电器上既有起延时作用的触点，也有瞬时动作的触点。

　　时间继电器按延时特性分为通电延时型和断电延时型两类。通电延时型是指电磁线圈通电后触点延时动作，断电延时型是指电磁线圈断电后触点延时动作。JS7-A 系列断电延时型和通电延时型时间继电器的组件是通用的，若将通电延时型时间继电器的电磁机构反转 180° 安装，即成为断电延时型时间继电器。

1. 通电延时型时间继电器

　　通电延时型时间继电器的电路符号如图 1-47 所示。

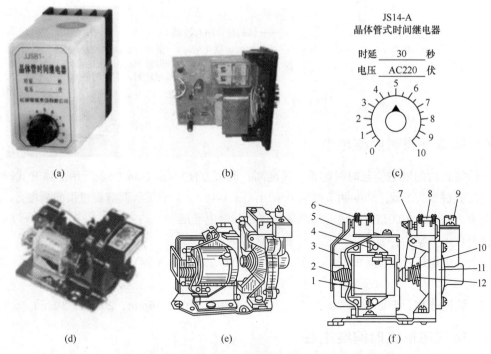

图 1-46　时间继电器

1—线圈；2—反力弹簧；3—衔铁；4—铁芯；5—弹簧片；6—瞬时触点；

7—杠杆；8—延时触点；9—调节螺钉；10—推杆；11—空气室；12—宝塔形弹簧

图 1-47　通电延时型时间继电器的电路符号

2. 断电延时型时间继电器

断电延时型时间继电器的电路符号如图 1-48 所示。

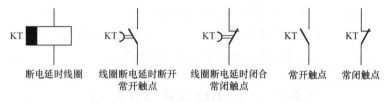

图 1-48　断电延时型时间继电器的电路符号

3. 型号规格

时间继电器型号规格如图 1-49 所示。

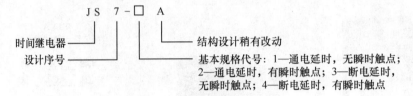

图 1-49　时间继电器的型号规格

4. 晶体管式时间继电器

晶体管式时间继电器延时时间长，精度高，调节方便。图 1-46（c）所示晶体管式时间继电器的延时规格为 30s，刻度调节范围 0～10，图 1-46（c）中所示调节旋钮指向刻度 5，则延时时间为 15s。JS20-D 是断电延时型晶体管式时间继电器的型号。

主要技术数据为：

（1）供电电压：交流（36V、110V、220V、380V）；直流（24V、27V、30V、36V、110V、220V）；

（2）延时规格：5s、10s、30s、60s、120s、180s；5min、10min、20min、30min、60min。

5. 空气阻尼式时间继电器

JS7-A 系列空气阻尼式时间继电器主要由电磁系统、工作触点和气室 3 部分组成。工作触点包括 2 对瞬时触点（1 常开 1 常闭）和 2 对延时触点（1 常开 1 常闭）。

空气阻尼式时间继电器是利用气室内的空气通过小孔节流的原理来获得延时动作的。通电延时型的工作原理是：当电磁线圈通电后，动铁芯吸合，瞬时触点立即动作，而与气室相紧贴的橡皮膜随进入气室的空气量而开始移动，通过推杆使延时触点延时一定时间后才动作，调节进气孔的大小即可获得所需要的延时量。断电延时型的工作原理与通电延时型相似。

主要技术数据为：

（1）供电电压：交流（24V、36V、110V、220V、380V）；

（2）延时规格：0.4～60s、0.4～180s。

6. 选用

（1）根据系统的延时范围和精度选择时间继电器的类型和系列。在延时精度要求不高的场合，可选用空气阻尼式时间继电器；要求延时精度高、延时范围较大的场合，可选用晶体管式时间继电器。目前电气设备中，较多使用晶体管式时间继电器。

（2）根据控制要求选择时间继电器的延时方式（通电延时型或断电延时型）。

（3）时间继电器电磁线圈的电压应与控制电路电压等级相同。

1.8.2　Y-△形降压启动控制电路

Y-△形降压启动控制电路原理图如图 1-50 所示。该电路主要由 3 个接触器、1 个时间继电器组成。接触器 KM 作引入电源用，接触器 KMY 和 KM△ 分别作 Y 形降压启动和 △ 形全压运行用，时间继电器 KT 用作控制 Y 形降压启动时间和完成 Y-△ 形自动切换。

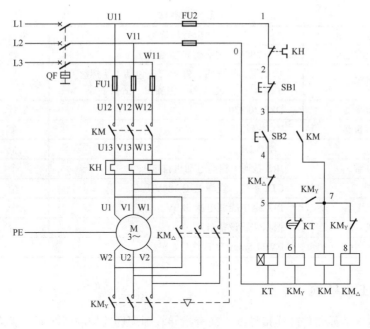

图 1-50　丫-△形降压启动控制电路原理图

电路工作原理分析如下：合上电源开关 QF。

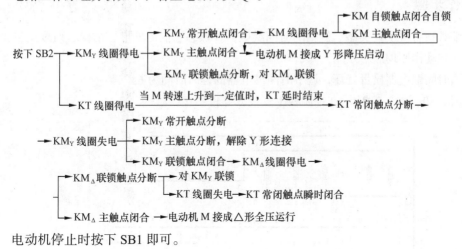

电动机停止时按下 SB1 即可。

1.8.3　实习操作：安装和操作 丫-△形降压启动控制电路

1. 课题要求

（1）能正确识别、选用、安装和调节时间继电器。

（2）能正确安装和操作丫-△形降压启动控制电路。

2. 工具及器材

工具及器材见表 1-11。

表 1-11   工具及器材

序 号	名 称	型号与规格	单 位	数 量
1	三相交流电源	~3×380V（另有保护接地线）	处	1
2	电工通用工具	验电笔、钢丝钳、螺丝刀（包括十字螺丝刀、一字螺丝刀）、电工刀、尖嘴钳、活扳手等	套	1
3	低压断路器	DZ5-20/330	只	1
4	低压熔断器	RT 系列	个	5
5	按钮	LA10-2H	个	1
6	热继电器	JRS 系列（根据电动机自定）	个	1
7	接触器	CJX 系列（线圈电压 380V）	个	3
8	时间继电器	JS7-2A（线圈电压 380V）	个	1
9	电动机	根据实习设备自定	台	1
10	导线	BVR1.5mm² 塑铜线	—	若干

3．操作注意事项

不允许带电安装元器件或连接导线，在有指导教师现场监护的情况下才能接通电源。停止时必须先按下停止按钮，禁止带负荷分断电源开关。

4．操作步骤

（1）仔细观察各种不同类型、规格的时间继电器，熟悉它们的外形、结构、型号及主要技术参数的意义和动作原理。

（2）检测时间继电器质量好坏，调节时间继电器的延时时间为 6s。

（3）按图 1-50、图 1-51 所示在控制板上安装元器件和接线。

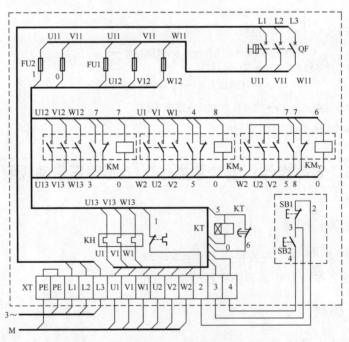

图 1-51 Υ-△形降压启动控制电路安装接线图

（4）经指导教师检查合格后进行通电操作。

1.9 三相交流异步电动机的调速

1.9.1 三相交流异步电动机的调速方法

为了满足生产工艺的要求，在生产过程中常常需要改变电动机的转速。由电动机的转速公式 $n = \dfrac{60 f_1}{P}(1-S)$ 可知，改变三相交流异步电动机的转速可通过以下 3 种方法来实现。

1. 变极调速

改变电动机的磁极对数 P 来达到调速目的，称为变极调速。变极调速是有级调速，通常使用的有双速、3 速等类型。变极调速电动机调速范围窄，不能平滑调速。

2. 改变转差率调速

改变转差率 S 调速适用于绕线式转子绕组的电动机。调速方法是改变转子绕组中串联电阻的阻值来改变转差率。改变转差率调速电动机的机械特性较软，功耗大。

3. 变频调速

改变电动机电源频率 f_1 来达到调速目的，称为变频调速。变频调速具有调速范围宽，调速平滑性好，机械特性硬的特点。在转差率变化不大的情况下，电动机的转速 n 与电源频率 f_1 大致成正比，若均匀地改变电源频率 f_1，则能平滑地改变电动机的转速 n。

以上 3 种调速方法中，以变频调速的综合效果最为理想。

1.9.2 双绕组变极调速

双绕组变极调速是在电动机的定子上装 2 套独立的 Y 形绕组，各自具有所需的磁极个数。例如，某双速电动机的型号为 FO3-40-4/12，高速绕组 4 极，低速绕组 12 极，同步转速分别为 1 500/500（r/min），高低转速比为 3/1。

图 1-52 所示为双绕组变极调速电动机控制电路，其中高、低速控制电路采用按钮和接触器双重联锁。工作原理是：按下低速启动按钮 SB2，接触器 KM1 通电自锁，电动机低速绕组（U1、V1、W1）通电，电动机低速运转。按下高速启动按钮 SB3，接触器 KM2 通电自锁，电动机高速绕组（U2、V2、W2）通电，电动机高速运转。

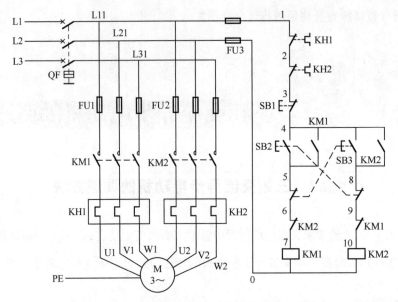

图 1-52 双绕组变极调速电动机控制电路原理图

1.9.3 △/YY 形绕组变极调速

△/丫丫形绕组电动机定子绕组的接线图如图 1-53 所示。图中三相定子绕组接成△形，由 3 个连接点接出 3 个出线端 U1、V1、W1，从每相绕组的中点各接出 1 个出线端 U2、V2、W2，这样，定子绕组共有 6 个出线端。通过改变这 6 个出线端的连接方式，就可以得到两种不同的转速。

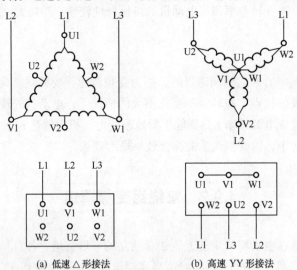

图 1-53 △/丫丫形绕组电动机的接线图

如图 1-53（a）所示，当定子绕组接成△形时，磁极为 4 极，同步转速为 1 500r/min。如图 1-53（b）所示，将定子绕组由△形改为丫丫形，磁极数减少了一半，磁极为 2 极，同步转速为 3 000r/min。可见，△/丫丫形绕组电动机的高速转速是低速转速的 2 倍。

值得注意的是，由于磁极对数的变化，不仅使转速发生了变化，而且三相定子绕组排列的相序也改变了，为了维持原来的转向不变，就必须在变极的同时改变三相绕组接线的相序。

图 1-54 所示为 △/丫丫形绕组电动机控制电路，其中高、低速控制电路采用按钮和接触器双重联锁。工作原理是：按下低速启动按钮 SB2，接触器 KM1 通电自锁，电动机 4 极低速绕组（△形连接）通电，电动机低速运转，电源相序为 L3—L2—L1；按下高速启动按钮 SB3，接触器 KM2、KM3 通电，KM2 自锁，电动机 2 极高速绕组（丫丫形连接）通电，电动机高速运转，电源相序为 L1—L2—L3。

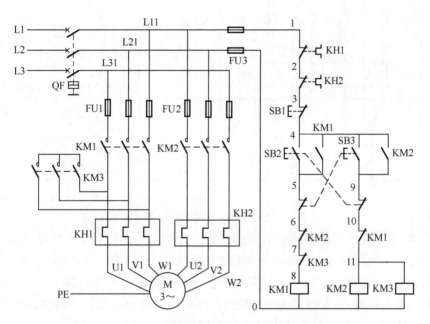

图 1-54 △/丫丫形绕组变极调速电动机控制电路原理图

1.10 机床电气控制线路

机床电气控制线路通常包括主电路、控制电路和照明、指示等电路。主电路是电动机电路。控制电路由接触器的线圈及常开、常闭触点构成，实现所需要的控制功能。照明、指示电路完成照明和显示电路状态等辅助功能。

电气控制原理图常采用在图的下方沿横坐标方向分区，并用数字标明图区，同时在图的上方沿横坐标方向分区，并用文字标明该区的功能。在接触器线圈所在列标出其常开、常闭触点所在的图区，以便于查找和分析控制功能。

CA6140 车床电气控制原理图如图 1-55 所示。

主电路电源电压为 380V，QS 为总电源开关。主电路有 3 台电动机，分别是主轴电动机 M1、冷却泵电动机 M2 和刀架快速移动电动机 M3，M1、M2 和 M3 分别由接触器 KM1、KM2 和 KM3 控制。热继电器 KH1、KH2 分别用作 M1 和 M2 的过载保护，M3 因工作于点动方式，所以不需要过载保护。各电动机均有熔断器做短路保护。

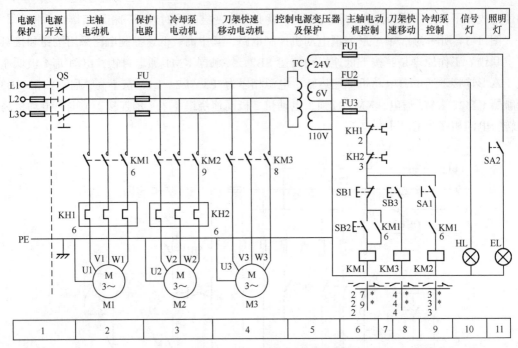

电源保护	电源开关	主轴电动机	保护电路	冷却泵电动机	刀架快速移动电动机	控制电源变压器及保护	主轴电动机控制	刀架快速移动	冷却泵控制	信号灯	照明灯
1		2		3	4	5	6	7	8	9	10	11

图 1-55　CA6140 车床电气控制原理图

经控制变压器 TC 降压，控制电路的电源电压为 110V，熔断器 FU3 用作过载保护。SB1/SB2 为主轴电动机停止/启动按钮；SB3 为刀架快速移动按钮；SA1 为冷却泵控制手动开关。

经控制变压器 TC 降压，照明电路的电源电压为 24V，熔断器 FU1 用作过载保护，SA2 为照明灯控制手动开关，EL 为照明灯；信号灯电路的电源电压为 6V，熔断器 FU2 用作过载保护，HL 为信号灯。

工作原理如下。

接通电源开关 QS，信号灯 HL 亮。

（1）主轴启动。按下启动按钮 SB2，接触器 KM1 通电自锁，KM1 主触点闭合，M1 通电启动。

（2）冷却泵启动。拨动开关 SA1，因 KM1 常开触点已接通，所以接触器 KM2 通电，KM2 主触点闭合，M2 通电启动。

（3）刀架快速移动。按下点动按钮 SB3，接触器 KM3 通电，KM3 主触点闭合，M3 通电启动；松开点动按钮 SB3，接触器 KM3 断电，KM3 主触点分断，M3 停止。

（4）停止。按下停止按钮 SB1，主轴、冷却泵电动机均停止工作。

（5）照明灯工作。车床工作时，接通开关 SA2，照明灯 EL 工作。

工作结束后，断开电源开关 QS，信号灯 HL 灭。

练习题

1. 简述三相鼠笼式异步电动机的主要结构。
2. 某电动机的额定转速为 950r/min，它是几极电动机？

3. 什么是转差率? 在电动机通电启动过程中, 转差率怎样变化?

4. 如何选用封闭式负荷开关?

5. 绘出负荷开关、组合开关和隔离开关的电路符号。

6. 某工地有一台额定功率为 1.5kW、额定电压为 380V、额定电流为 3.3A 的三相交流异步电动机, 应选用什么型号、规格的封闭式负荷开关?

7. 常用熔断器有哪些类型? 简述熔断器的工作原理。

8. 如何选择熔断器的额定电流?

9. 如何选用按钮?

10. 通常交流接触器有几对主触点, 几对辅助触点? 交流接触器的线圈电压一定是 380V 吗? 怎样选用交流接触器?

11. 交流接触器的灭弧装置起什么作用?

12. 中间继电器的作用是什么?

13. 接触器和中间继电器的触点系统有什么区别?

14. 什么是点动控制? 点动控制主要应用在哪些场合?

15. 画出点动正转控制电路, 分析工作原理。

16. 试分析判断如题图 1-1 所示的各控制电路能否实现点动控制。

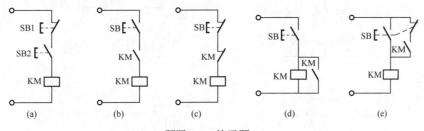

题图 1-1　练习题 16

17. 什么是自锁控制? 判断如题图 1-2 所示的各控制电路能否实现自锁控制。若不能, 试分析说明原因。

18. 简述接触器自锁控制电路欠压保护和失压保护的工作原理。

19. 如何选用热继电器?

20. 什么是热继电器的整定电流? 如何调整整定电流?

21. 在连续工作的电动机主电路中装有熔断器, 为什么还要装热继电器?

22. 电气控制电路的主电路和控制电路各有什么特点?

23. 低压断路器有哪些保护功能?

24. 简述低压断路器的选用方法。

25. 两地控制的停止按钮和启动按钮如何连接?

26. 试绘出两台电动机的顺序启动、同时停车控制电路, 并分析工作原理。

27. 试绘出两台电动机的顺序启动、逆序停车控制电路, 并分析工作原理。

28. 如何改变三相异步电动机的转向?

29. 什么叫联锁控制? 在电动机正反转控制电路中, 为什么必须要有联锁控制? 联锁控制有几种方式? 哪种联锁控制方式是必须实行的?

30. 试分析判断如题图 1-3 所示的各控制电路能否实现正反转控制。若不能, 试说明原因。

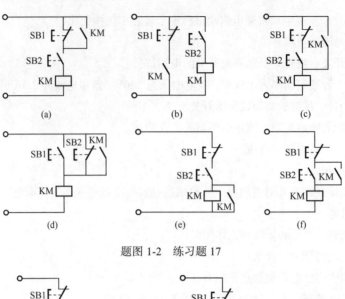

题图 1-2　练习题 17

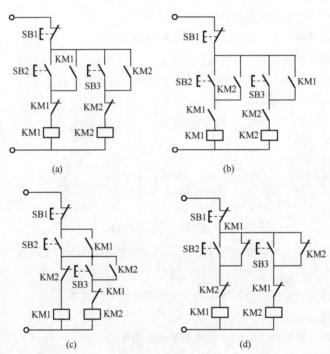

题图 1-3　练习题 30

31. 什么是行程开关？它与按钮有什么异同？

32. 行程开关在机床电气控制中起何控制作用？

33. 常用的时间继电器有哪些类型？如何选择和使用时间继电器？

34. 绘出时间继电器的电路符号。

35. Ｙ-△形降压启动的优点是什么？

36. 试绘出Ｙ-△形降压启动控制电路，并简述其工作原理。

37. 交流异步电动机有哪几种调速方式？

38. 通常机床电气控制线路包括哪几部分电路？各部分电路具有什么功能？

39. 在电气控制原理图中，常采用什么样的方法来标明图区？

2.1 PLC 控制系统的构成与特点

1. PLC 控制系统的构成

通常生产设备的电气控制系统主要由控制电器、保护电器和电动机等组成。如图 2-1 所示，某台设备电气控制柜中安装有 PLC、断路器、熔断器、交流接触器、热继电器和变压器等电气器件。

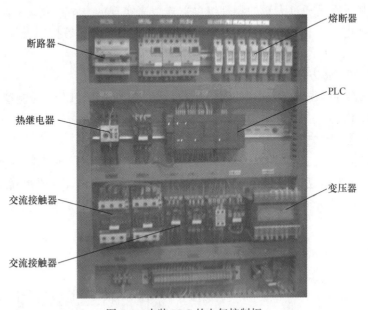

断路器
熔断器
热继电器
PLC
交流接触器
变压器
交流接触器

图 2-1　内装 PLC 的电气控制柜

图 2-2 所示为继电器电气控制系统和 PLC 电气控制系统框图。可以看出，它们的控制方式不同，继电器控制属于硬件连线控制方式，PLC 控制属于程序控制方式。PLC 利用程序中的"软

继电器"取代物理继电器，使控制系统的硬件结构大大简化，具有体积小、价格便宜、维护方便、编程简单、控制功能强、可靠性高等优点。因此，PLC 电气控制系统在各个行业生产设备电气控制中得到极其广泛的应用。

图 2-3 给出了 PLC 控制简图，用来说明 PLC 电气控制系统的工作原理。在图 2-3 中，启动/停止按钮分别接 PLC 的输入端 I0.0 和 I0.1，交流接触器的线圈接 PLC 的输出端 Q0.0，PLC程序对启动/停止按钮的状态进行逻辑运算，运算的结果决定了输出端 Q0.0 是否接通或断开交流接触器线圈的电源，从而控制电动机的工作状态。

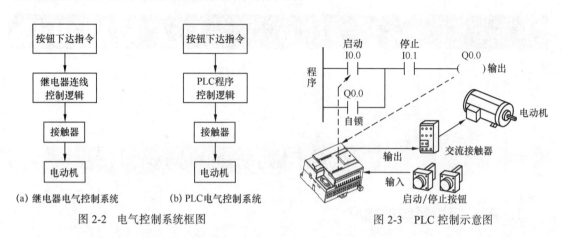

(a) 继电器电气控制系统　　(b) PLC电气控制系统

图 2-2　电气控制系统框图

图 2-3　PLC 控制示意图

2. PLC 控制系统的特点

（1）硬件结构简单

继电器控制逻辑是通过大量的物理继电器连线来实现的，结构复杂；而 PLC 控制逻辑是由程序（软继电器）构成，取消了中间继电器和时间继电器等控制器件，大大简化了硬件接线。

（2）更改控制逻辑方便

要改变继电器控制逻辑必须重新接线，工作量很大；而修改 PLC 的控制逻辑只需要重新编写、修改和下载用户程序即可。

（3）系统稳定、维护方便

PLC 性能指标高，抗干扰性强，能在工业生产环境下长期稳定地工作。据统计，PLC 控制系统的电气故障仅为相应功能的继电器控制系统故障的 5%。当电路发生故障时，可根据 PLC输入/输出端的 LED 显示快速判断产生故障的部位，有利于及时排除故障。

2.2

PLC 的产生与定义

自 20 世纪 60 年代起，工业产品生产呈现多品种、小批量的趋势，而当时各种生产流水线的电气控制系统基本上都是由继电器控制系统构成的，产品的每次变更都直接导致电气控制系统的重新设计和安装。为了尽可能减少重新设计和安装电气控制系统的工作量，人们设想利用计算机制造一种新型的工业控制装置。1969 年，美国数字设备公司（DEC）研制出第一台可编程序控制器（Programmable Logic Controller，PLC），在美国通用汽车公司的自动装配线上使用，取得了巨大的成功。之后，PLC 很快在世界各国的工业领域推广应用。

国际电工委员会（IEC）对 PLC 的定义是："可编程序控制器是一种数字运算操作的电子系统，专为在工业环境下应用而设计。它采用可编程序的存储器，用来在其内部存储执行逻辑运算、顺序控制、定时、计数和算术运算等操作的指令，并通过数字式或模拟式的输入和输出，控制各种类型的机械或生产过程。可编程序控制器及其有关外围设备，都应按易于与工业控制系统连成一个整体、易于扩充其功能的原则设计。"

2.3 PLC 的应用、分类及程序语言

1. PLC 应用

PLC 主要应用于以下几个方面。

（1）开关量逻辑控制

这是 PLC 最基本的控制，可以取代传统的继电器控制系统。

（2）模拟量控制

除了开关量控制以外，PLC 还可以接收、处理和控制连续变化的模拟量，如温度、压力、速度、电压和电流等。

（3）运动控制

PLC 可以控制步进电动机、伺服电动机和交流变频器，从而控制机件的运动方向、速度和位置。

（4）多级控制

PLC 可以实现与其他 PLC、上位计算机、单片机等互相交换信息，组成自动化控制网络。

2. PLC 分类

PLC 按结构可分为整体式和模块式。整体式的 PLC 具有结构紧凑、体积小、质量轻、价格低的优势，适合一般电气控制。整体式的 PLC 也称为 PLC 的基本单元，在基本单元的基础上可以加装扩展模块以扩大其使用范围。模块式的 PLC 是把 CPU、电源、输入接口、输出接口等作成独立的单元模块，具有配置灵活、组装方便、便于扩展的优势，适合输入/输出点数差异较大或有特殊功能要求的控制系统。

PLC 按输入/输出接口（I/O 接口）点数可分为小型机、中型机和大型机。I/O 点数小于 128 点为小型机；I/O 点数在 129～512 点为中型机；I/O 点数在 512 点以上为大型机。PLC 的 I/O

接口数越多,其存储容量也越大,价格也越贵,因此,在设计电气控制系统时应尽量减少使用 I/O 接口的数量。

3. PLC 程序语言

用户的 PLC 程序可以用如图 2-4 所示的梯形图语言或指令表语言编写。梯形图程序主要由触点、线圈等软元件组成,触点代表逻辑的"输入条件",线圈代表逻辑的"输出结果",程序的逻辑运算按从左到右、从上到下的方向执行。触点和线圈等组成的独立电路称为网络,允许以网络为单位,给梯形图加注释,通常程序按网络编号的顺序执行。

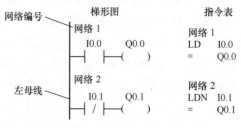

图 2-4 程序梯形图和指令表

程序梯形图与继电器系统电气原理图类似。梯形图程序仿真电路中电流的流动,通过一系列的逻辑输入条件,决定是否有逻辑输出。一个梯形图程序包括左侧提供"电流"的母线,闭合的触点允许电流通过它们流到下一个元件,而打开的触点阻止电流的流动。例如,在图 2-4 所示的梯形图程序中,当触点 I0.0(常开触点)闭合时,线圈 Q0.0 通电;当触点 I0.1(常闭触点)闭合时,线圈 Q0.1 通电。指令表语言类似于计算机的汇编语言。用户编写程序时既可以输入梯形图,也可以输入指令表,梯形图和指令表可由编程软件自动转换。

2.4 PLC 的结构

PLC 主要由 CPU、存储器、输入/输出继电器、通信端口和电源等几部分组成,如图 2-5 所示。

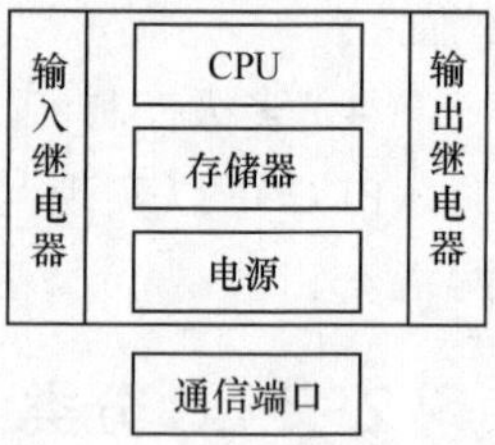

1. 中央处理器 CPU

CPU 是 PLC 的逻辑运算和控制中心,协调系统工作。

2. 存储器

PLC 的存储器 ROM(只读存储器)中固化着系统程序,用户不可以修改。存储器 RAM(随机存储器)中存放用户程序和工作数据,在 PLC 断电时为了防止 RAM 中的信息丢失,由锂电池供电(或采用 Flash 存储器,不需要锂电池)。

图 2-5 PLC 的结构

3. 电源

PLC 的电源是一种将外部电源转换为 PLC 内部元器件使用的各种电压(通常是 5V、24V DC)的开关稳压电源。备用电源采用锂电池。

4. 通信端口

通信端口是 PLC 与外部设备进行交换信息和写入程序的通道，S7-200 的通信端口类型是 RS-485。

5. 输入继电器

输入继电器用来完成输入信号的引入、滤波、放大整形及电平转换，输入继电器电路（以 I0.0 为例）如图 2-6（a）所示。输入继电器电路的主要器件是光电耦合器，光耦输入端为反相并联的 2 个发光二极管，输出端为光敏开关管，光耦通过电→光→电转换传递信号。光耦的作用是提高 PLC 的抗干扰能力和安全性能，并完成高低电平（24V/5V）的转换。

输入继电器的工作原理如下：当未按下输入端按钮 SB 时，光耦中发光二极管不导通，光敏开关管截止，放大器输出高电平信号到内部电路，输入端 LED 指示灯灭；当按下按钮 SB 时，光耦中发光二极管导通，光敏开关管受光照激发导通，放大器输出低电平信号到内部电路，输入端 LED 指示灯亮。输入端外接直流电源额定电压为 24V，由于光耦输入端并联的 2 个发光二极管极性相反，所以输入公共端口 1M 既可以接电源负极，也可以接电源正极。

在编写用户程序时，则把输入继电器电路等效为输入继电器（即软继电器），如图 2-6（b）所示。与物理继电器的结构类似，在用户程序中输入继电器也有常开和常闭两种类型的触点，但不同的是软继电器触点的数量是无限的。与物理继电器的动作类似，当按下按钮 SB 时，相当于输入继电器 I0.0 线圈处于通电状态，在程序中 I0.0 常开触点闭合，常闭触点断开；当松开按钮 SB 时，相当于输入继电器 I0.0 线圈处于断电状态，在程序中 I0.0 常开触点恢复断开，常闭触点恢复闭合。由于输入继电器的线圈受 PLC 外部电路的控制，所以在用户程序中通常只出现输入继电器的触点，而不出现输入继电器的线圈。

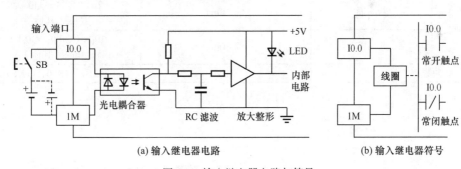

图 2-6　输入继电器电路与符号

6. 输出继电器

S7-200 系列 PLC 输出继电器有继电器和晶体管两种类型，在图 2-7 中以输出继电器 Q0.0 为例说明。

（1）继电器输出类型。继电器输出类型的接线如图 2-7（a）所示，每位输出继电器有 1 对物理常开触点，使用电压范围广，可以控制交、直流负载。输出电流较大，允许通过 2A 以下的电流，适用于控制接触器线圈、电磁阀线圈或指示灯等负载。当输出继电器线圈通电时，相应输出端口的物理触点导通，负载由外部电源供电，输出指示灯 LED 亮。

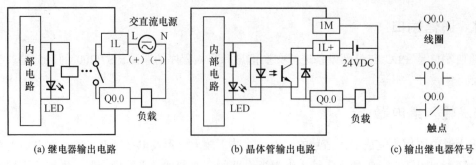

图 2-7　输出继电器电路与符号

（2）晶体管输出类型。晶体管输出类型的接线如图 2-7（b）所示，其 1L+端接直流电源正极，1M 端接直流电源负极，晶体管输出电流方向为从 Q0.0 端流出，从 1L+端流入。晶体管作为直流电子开关可以输出高速脉冲信号。当晶体管输出端导通时，输出指示灯 LED 亮。

在用户程序中则把输出继电器端口电路等效为输出继电器，如图 2-7（c）所示。在程序中输出继电器除线圈外，也有常开和常闭两种触点，并且触点的数量是无限的。

输出继电器电路的规格见表 2-1。

表 2-1　　　　　　　　　S7-200 系列 PLC 输出继电器电路的规格表

项　　目		继电器输出（RLY）	晶体管输出（DC）
负载电源最大范围		5～250V AC 5～30V DC	20.4～28.8V DC
额定负载电源		220V AC、24V DC	24V DC
负载电流（最大）		2A/1 点 10A/公共点	0.75A/1 点 6A/公共点
电路绝缘		机械绝缘	光电耦合绝缘
响应时间	断→通	约 10ms	2μs（Q0.0，Q0.1） 15μs（其他）
	通→断	约 10ms	10μs（Q0.0，Q0.1） 130μs（其他）
脉冲频率（最大）		1Hz	20kHz（Q0.0，Q0.1）

2.5 PLC 的循环扫描工作方式

当 PLC 的方式开关置于"RUN"位置时，PLC 即进入程序运行状态。在程序运行模式下，PLC 用户程序的执行采用独特的周期性循环扫描工作方式。每一个扫描周期分为读输入、执行程序、处理通信请求、执行 CPU 自诊断和写输出 5 个阶段，如图 2-8 所示。

1. 读输入

在读输入阶段，PLC 的 CPU 将每个输入端口的状态复制到输入数据映像寄存器（也称输入继电器）。

2. 执行程序

在执行程序阶段，CPU 逐条按顺序扫描用户程序，同时进行逻辑运算和处理，最终运算结果存入输出数据映像寄存器中。

3. 处理通信请求

CPU 执行 PLC 与其他外部设备之间的通信任务。

4. 执行 CPU 自诊断

CPU 检查 PLC 各部分是否工作正常。

5. 写输出

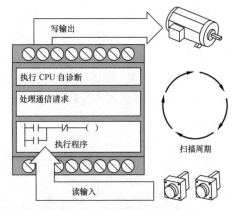

图 2-8　PLC 循环扫描工作方式

在写输出阶段，CPU 将输出数据映像寄存器中存储的数据复制到输出继电器中。

在非读输入阶段，即使输入状态发生变化，程序也不读入新的输入数据，这种方式是为了增强 PLC 的抗干扰能力和执行程序的可靠性。

PLC 扫描周期与 PLC 的类型、程序指令语句的长短和 CPU 执行指令的速度有关，通常一个扫描周期为几毫秒至几十毫秒，超过设定时间时程序将报警。由于 PLC 的扫描周期很短，所以从操作上感觉不出来 PLC 的延迟。

PLC 循环扫描工作方式与继电器并联工作方式有本质的不同。在继电器并联工作方式下，当控制电路通电时，所有的负载（继电器线圈）可以同时通电，即与负载在控制电路中的位置无关。PLC 属于逐条读取指令、逐条执行指令的顺序扫描工作方式，先被扫描的软继电器先动作，并且影响后被扫描的软继电器，即与软继电器在程序中的位置有关。在编程时，掌握和利用这个特点，可以较好地处理软件联锁关系。

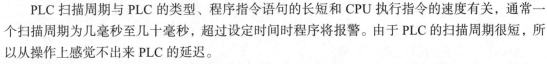

2.6 | S7-200 的主要指标及接线端口

PLC 的技术性能指标反映出其技术先进程度和性能，是用户设计应用系统时选择 PLC 主机和相关设备的主要参考依据。

2.6.1　S7-200 的结构及主要指标

1. S7-200 PLC 的结构

S7-200 是德国西门子公司生产的小型 PLC 系列，主要有 CPU221、CPU222、CPU224 和

CPU226 四种基本单元。CPU 模块的类型代号由使用电源种类、输入端口电源种类和输出端口器件种类 3 部分构成。例如，CPU224 AC/DC/RLY 表示该 PLC 供电使用交流电源 AC（额定值 120V/230V），输入端口电源为直流电源 DC（额定值 24V），输出端口器件为继电器 RLY。CPU224 DC/DC/DC 表示 PLC 供电使用直流电源 DC（额定值 24V），输入端口电源为直流电源 DC（额定值 24V），输出端口器件为晶体管 DC。各种型号的 CPU 模块都有继电器输出型和晶体管输出型。

CPU224 AC/DC/RLY 的面板如图 2-9 所示。

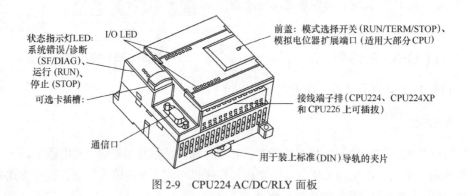

图 2-9 CPU224 AC/DC/RLY 面板

（1）3 个状态（模式）指示灯，用来显示 CPU 模块当前所处的状态或工作模式。

SF/DIAG：系统错误/诊断（灯亮表示出现系统故障或用户程序逻辑错误）。

RUN：灯亮表示用户程序运行模式。

STOP：灯亮表示用户程序停止模式（在该模式下才允许用户程序写入 PLC）。

（2）通信端口 PORT0。通过它可与编程计算机或其他设备通信（CPU226 有 2 个通信端口，分别为端口 0 和端口 1；其他类型 CPU 模块有 1 个通信端口，为端口 0）。

（3）前盖。面板右侧中部前盖下面有模式选择开关（运行/终端/停止）、模拟电位器和扩展端口。

① 模式选择开关拨到运行（RUN）位置，则用户程序处于运行模式；拨到终端（TERM）位置，可以通过编程软件控制 PLC 的工作模式；拨到停止（STOP）位置，则用户程序处于停止运行模式。

② 模拟电位器（CPU221、CPU222 各 1 个，其他类型 CPU 模块有 2 个）。调节模拟电位器旋钮，数值变化范围为 0~255，可为用户程序提供需要调节的参数。

③ 扩展端口用于连接扩展模块。除 CPU 模块外，S7-200 系列还包括多种类型的扩展模块，主要有数字量输入/输出模块、模拟量输入/输出模块和通信模块等。

（4）顶部端子盖下边为输出继电器端子和 PLC 供电电源端子。输出继电器端子的运行状态可以由顶部端子盖下方一排指示灯显示，ON 状态时对应指示灯亮。

（5）底部端子盖下边为输入继电器端子和传感器电源端子。输入继电器端子的运行状态可以由底部端子盖上方一排指示灯显示，ON 状态时对应指示灯亮。

2. S7-200 的主要指标

S7-200 系列 PLC 的主要技术性能指标见表 2-2。

特　　性	CPU221	CPU222	CPU224	CPU226
外形尺寸（mm）	90×80×62	90×80×62	120.5×80×62	190×80×62
程序存储器 可在运行模式下编辑 不可在运行模式下编辑（B）	4 096 4 096	4 096 4 096	8 192 12 288	16 384 24 576
数据存储区（B）	2 048	2 048	8 192	10 240
掉电保持时间（h）	50	50	100	100
本机 I/O：数字量	6 入/4 出	8 入/6 出	14 入/10 出	24 入/16 出
扩展模块（个）	0	2	7	7
高速计数器 单相 双相	4 路 30kHz 2 路 20kHz	4 路 30kHz 2 路 20kHz	6 路 30kHz 4 路 20kHz	6 路 30kHz 4 路 20kHz
脉冲输出（DC）	2 路 20kHz	2 路 20kHz	2 路 20kHz	2 路 20kHz
模拟电位器	1	1	2	2
实时时钟	配时钟卡	配时钟卡	内置	内置
通信口	1　RS-485	1　RS-485	1　RS-485	2　RS-485
浮点数运算	有			
I/O 映像区	256　（128 入/128 出）			
布尔指令执行速度	0.22μs/指令			

表 2-2　　　　　　　　　　　　　　　　S7-200 主要技术指标

2.6.2　CPU224 的外部端子图

外部端子是 PLC 输入、输出及外部电源的连接点。CPU224 AC/DC/RLY 外部端子如图 2-10 所示。

1. 底部端子（输入端子及传感器电源）

L+：内部 24V DC 电源正极，为外部传感器或输入继电器供电。

M：内部 24V DC 电源负极，接外部传感器负极或输入继电器公共端。

1M、2M：输入继电器的公共端口。

I0.0～I1.5：输入继电器端子，输入信号的接入端。

输入继电器用"I"表示，S7-200 系列 PLC 共 128 位，采用八进制（I0.0～I0.7，I1.0～I1.7，…，I15.0～I15.7）。

2. 顶部端子（输出端子及供电电源）

交流电源供电：L1、N、⊥ 分别表示电源相线、中线和接地线。交流电压为 85～265V。

1L、2L、3L：输出继电器的公共端口。接输出端所使用的电源。输出各组之间是互相独立的，这样负载可以使用多个电压系列（如 AC220V、DC24V 等）。

Q0.0～Q1.1：输出继电器端子，负载接在该端子与输出端电源之间。

输出继电器用"Q"表示，S7-200 系列 PLC 共 128 位，采用八进制（Q0.0～Q0.7，Q1.0～Q1.7，…，Q15.0～Q15.7）。

●：带点的端子上不要外接导线，以免损坏 PLC。

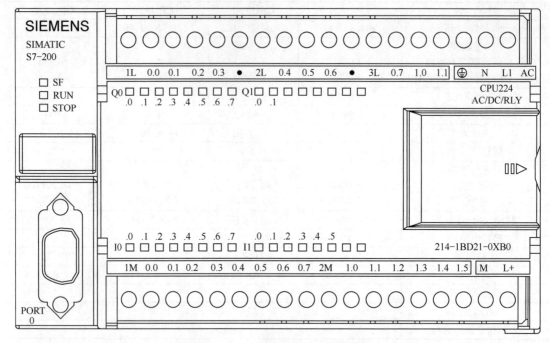

图 2-10　CPU224 AC/DC/RLY 端子图

练习题

1. 与继电器控制系统相比，PLC 控制系统有哪些优点？

2. 为什么 PLC 的输入接口电路要采用光电耦合隔离方式？

3. 输出接口电路有哪几种形式？各有什么特点？

4. 输入继电器 I 和输出继电器 Q 均为几进制？

5. 按钮和接触器应分别与 PLC 的什么端子连接？

第3章

位逻辑指令的应用

程序指令按功能可分为位逻辑指令、顺序控制指令和功能指令 3 大类。位逻辑指令主要包括触点取指令、触点串联/并联指令、线圈输出指令、置位/复位指令和定时器/计数器指令等。

3.1 编辑用户程序

本节介绍 S7-200 系列 PLC 编程软件的设置与使用方法，并通过"点动控制"这个简单的例子，创建、下载、运行和监控用户程序。

3.1.1 LD、LDN、=指令及应用

LD、LDN、= 指令的助记符、逻辑功能等指令属性见表 3-1。

表 3-1 LD、LDN、=指令

指令名称	助 记 符	逻 辑 功 能	操 作 数
取	LD	取常开触点状态	I、Q、M、SM、T、C、V、S、L
取反	LDN	取常闭触点状态	I、Q、M、SM、T、C、V、S、L
输出	=	线圈输出	Q、M、SM、V、S、L

LD、LDN、=指令的使用说明如下。

（1）LD 是从左母线取常开触点指令，以常开触点开始逻辑行的电路块也使用这一指令。

（2）LDN 是从左母线取常闭触点指令，以常闭触点开始逻辑行的电路块也使用这一指令。

（3）= 指令是线圈输出的指令，= 指令可以连续使用多次，相当于电路中多个线圈的并联形式。

LD、LDN、=指令的应用举例如图 3-1 所示。在

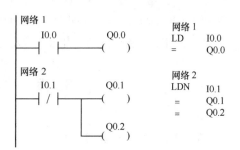

图 3-1 LD、LDN、= 指令的应用举例

网络1中，常开触点I0.0控制线圈Q0.0的通断；在网络2中，常闭触点I0.1控制线圈Q0.1和Q0.2的通断。

3.1.2　电动机点动控制电路与程序

电动机点动控制要求如下：按下点动按钮SB，电动机运转；松开点动按钮SB，电动机停止。PLC输入/输出端口分配见表3-2。

表3-2　　　　　　　　　　点动控制电路输入/输出端口分配表

输　入　端　口			输　出　端　口		
输入继电器	输入器件	作用	输出继电器	输出器件	控制对象
I0.5	SB	点动按钮	Q0.2	接触器KM	电动机M

使用PLC控制的电动机点动控制电路接线图如图3-2所示。CPU模块型号为CPU224 AC/DC/RLY，使用220V AC电源供电。输入端电源采用本机内部24V DC电源，M、1M、2M连接一起，按钮SB接内部直流电源正极L+和输入继电器I0.5端子，交流接触器线圈KM与220V AC电源串联接入输出公共端子1L和输出继电器Q0.2端子。

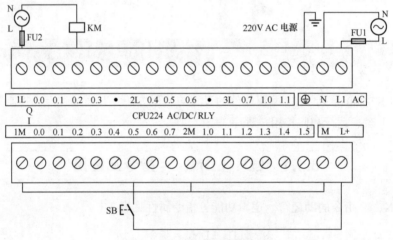

图3-2　点动控制电路接线图

电动机点动控制程序如图3-3所示。其工作原理是：按下点动按钮SB，输入继电器I0.5接通，其常开触点I0.5闭合，输出继电器Q0.2接通，控制输出端物理继电器的常开触点闭合，使交流接触器KM线圈通电，KM主触点闭合，电动机通电运行。松开点动按钮SB，常开触点I0.5断开，输出继电器Q0.2断电，交流接触器KM线圈失电，KM主触点分断，电动机断电停止。

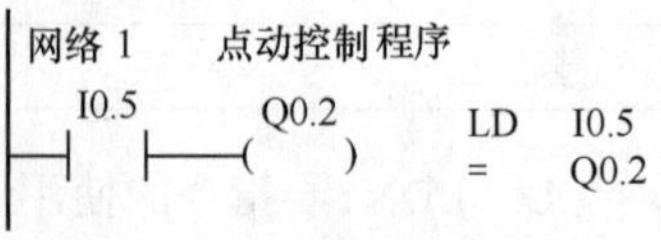

```
网络1      点动控制程序
  I0.5        Q0.2         LD    I0.5
 ─┤ ├─────( )            =     Q0.2
```

图3-3　点动控制程序

3.1.3　启动编程软件中文界面

1. 启动编程软件

STEP 7-Micro/WIN V 4.0是S7-200系列PLC编程软件，可以创建、编辑、下载或上传用户程序，并具有在线监控功能。软件安装简便，双击 Setup.exe 安装文件即可。当安装成功后首次启动编程软件时，其默认的英文操作界面如图 3-4 所示。

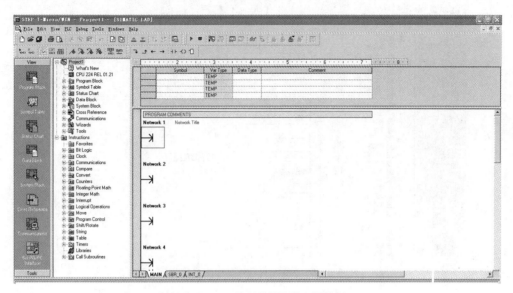

图 3-4　S7-200 编程软件的英文操作界面

2. 将英文操作界面转为中文操作界面

单击编程软件主菜单"Tools"（工具）中的"Options"（选项）对话框，如图 3-5 所示。

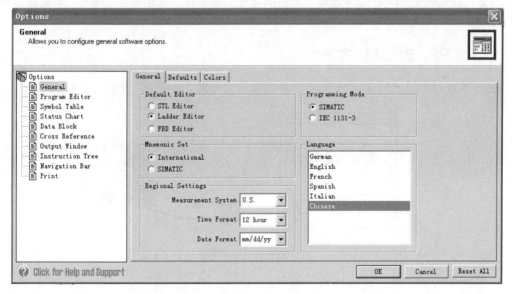

图 3-5　S7-200 编程软件的"Options"（选项）对话框

单击"Options"（选项）对话框中的"General"（常规）项，在"Language"（语言）框中选择"Chinese"（中文），单击"OK"按钮。重新启动软件后，显示为中文操作界面，如图 3-6 所示。操作界面上有主菜单、快捷图标、指令树和用户程序编辑区等，操作方法与 Windows 软件类似。

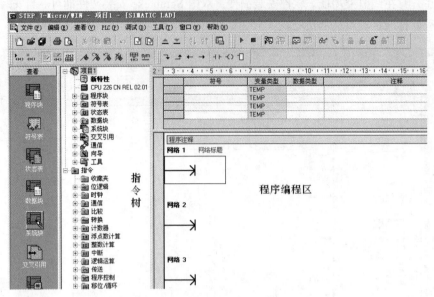

图 3-6　S7-200 编程软件的中文操作界面

3.1.4　设置通信参数

　　若计算机具有串行通信端口，可选择 PC/PPI 电缆连接方式。目前，多数计算机已无串行通信端口，只能选择 USB/PPI 电缆连接方式。插拔通信电缆时，应先将设备断电，否则容易损坏通信端口。

1. PC/PPI 电缆连接方式

　　使用 PC/PPI 电缆连接 S7-200 系列 PLC 与编程计算机，如图 3-7 所示。

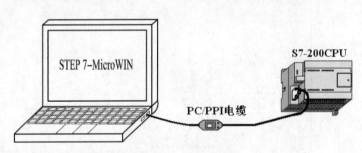

图 3-7　PC/PPI 电缆连接计算机与 PLC

　　（1）将 PC/PPI 电缆的 PC 端插入计算机的 RS-232 通信口（串行通信口 COM1）。

　　（2）将 PC/PPI 电缆的 PPI 端插入 PLC 的 RS-485 通信口（端口 0 或端口 1）。

　　（3）设置计算机通信参数。启动计算机→右键单击"我的电脑"图标→属性→硬件→设备管理器→端口→端口属性→端口设置→修改波特率为 9 600 位/秒（计算机默认波特率为 9 600 位/秒）。

　　（4）设置编程软件通信参数。单击编程软件左侧"通信"图标→设置 PG/PC 接口→PC/PPI

属性→PPI 传输率 9.6kbit/s→选择本地连接 COM1。

（5）单击左侧"通信"图标→"双击刷新"图标，出现如图 3-8 所示连接界面。默认编程计算机通信地址为 0，PLC 通信地址为 2，自动识别 PLC 类型为 CPU 224，接口为 PC/PPI cable（COM1）。

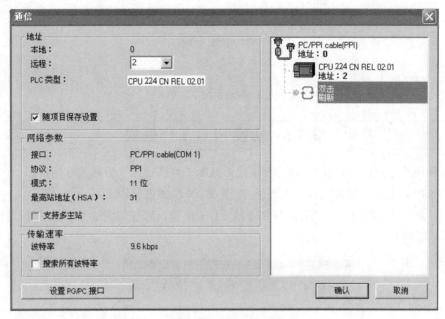

图 3-8　PC/PPI 电缆成功连接计算机与 PLC

2. USB/PPI 电缆连接方式

将计算机的 USB 端口模拟成串行通信口（通常为 COM3），从而通过 USB/PPI 编程电缆与 PLC 进行通信。

（1）将 USB/PPI 电缆的 USB 端插入计算机的 USB 端口。Windows 将检测到设备并运行添加新硬件向导，插入 USB/PPI 编程电缆自带的驱动程序光盘，并单击"下一步"继续。

如果 Windows 没有提示找到新硬件，则在设备管理器的硬件列表中，展开"通用串行总线控制器"，选择带问号的 USB 设备，单击鼠标右键并运行更新驱动程序。

（2）驱动程序安装完成后，单击计算机桌面图标"我的电脑"→属性→硬件→设备管理器→端口。在端口（COM 和 LPT）展开条目中出现"USB to UART Bridge Controller（COM3）"，这个 COM3 就是 USB 编程电缆使用的通信口地址，如图 3-9 所示。以后每次使用只要插入 USB/PPI 编程电缆就会出现 COM3 口，在编程软件通信设置中选中 COM3 口即可。

（3）将 USB/PPI 电缆的 PPI 端连接到 PLC 的 RS-485 通信口（端口 0 或端口 1）。

（4）设置编程软件通信参数。单击 STEP 7-Micro/WIN V 4.0 编程软件左侧"通信"图标→设置 PG/PC 接口→PC/PPI 属性→PPI 传输率 9.6kbit/s→选择本地连接 COM3。

（5）单击"通信"图标→"双击刷新"图标。默认计算机地址为 0，PLC 地址为 2，自动识别 PLC 型号为 CPU 224，接口类型为 PC/PPI cable（COM3）。

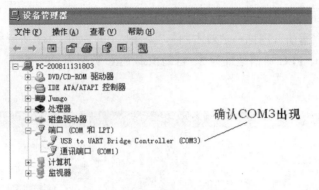

图 3-9　USB 转换为串口 COM3

3.1.5　切换 PLC 工作模式

CPU 模块停止模式（STOP）和运行模式（RUN）可通过以下方法相互切换。

（1）将 PLC 前盖下模式选择开关置于 STOP/RUN 位置进行切换。

（2）将 PLC 模式选择开关置于 TERM 或 RUN 位置，通过如图 3-10 所示编程软件界面快捷按钮图标切换 PLC 的工作模式。

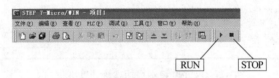

图 3-10　切换程序运行或停止模式

（3）在用户程序中应用停止指令（STOP）使 PLC 从运行模式转为停止模式。

如果通过操作编程软件快捷按钮图标实现切换 PLC 工作模式，则表明计算机编程软件已与 PLC 完成通信连接。

3.1.6　编写、下载、运行和监控点动控制程序

1. 建立和保存项目

运行编程软件后，在中文主界面中单击菜单栏中"文件"→"新建"，创建一个新项目。新建的项目包含程序块、符号表、状态表、数据块、系统块、交叉引用和通信等相关的块。其中，程序块中默认有一个主程序 OB1、一个子程序 SBR0 和一个中断程序 INT0，如图 3-11 所示。

单击菜单栏中"文件"→"保存"，指定文件名和保存路径后，单击"保存"按钮，文件以项目形式保存。

2. 选择 PLC 类型和 CPU 版本

图 3-11　新建项目的结构

单击菜单栏中"PLC"→"类型"，在 PLC 类型对话框中选择 PLC 类型和 CPU 版本，如

图 3-12 所示。如果已成功建立通信连接，也可以通过单击"读取 PLC"按钮的方法来读取 PLC 的型号和 CPU 版本号。

3. 输入指令

选中主程序 OB1 页面，在梯形图编辑器中可以使用指令树图标或工具栏图标两种输入程序指令的方法。

（1）使用指令树指令图标输入指令。单击指令树中"位逻辑"指令图标，展开位逻辑指令列表，如图 3-13 所示。

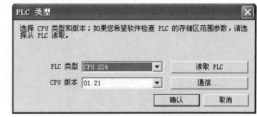

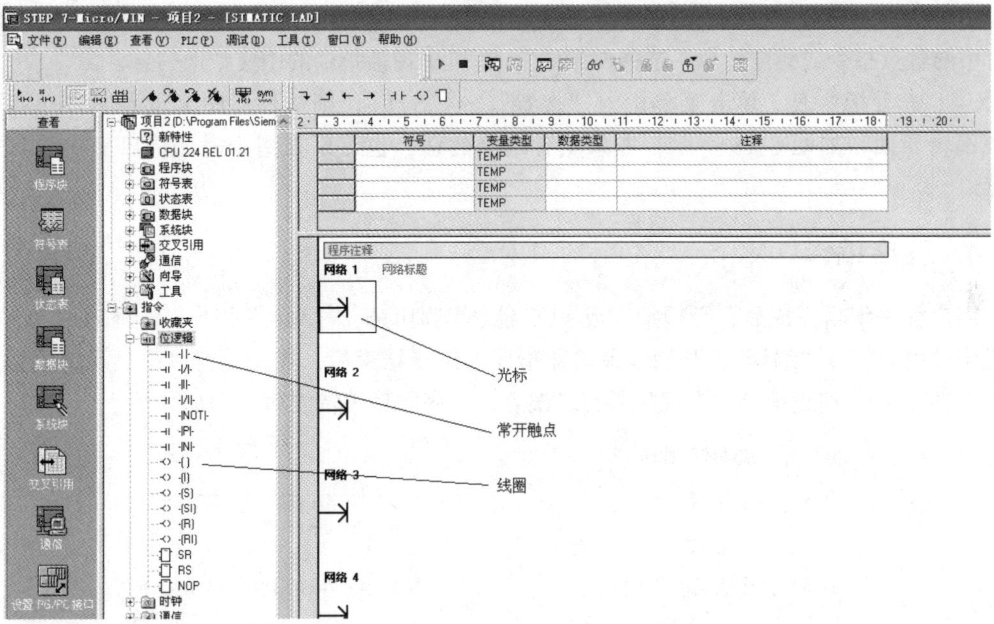

图 3-12 选择 PLC 类型和 CPU 版本

图 3-13 展开指令树中位逻辑指令列表

光标选中程序网络 1，在标题行中加入注释"点动控制程序"。当双击（或拖曳）常开触点图标时，在网络 1 中出现常开触点符号，如图 3-14 所示。在 ? ? .? 框中输入地址 I0.5，按"Enter"键，光标自动跳到下一列，如图 3-15 所示。

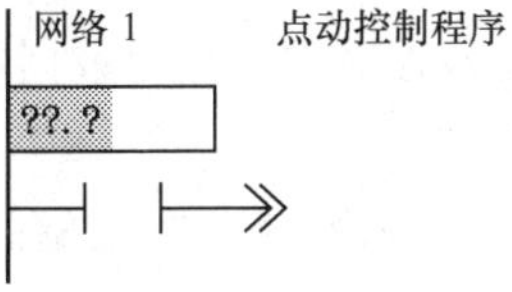

图 3-14 编辑触点

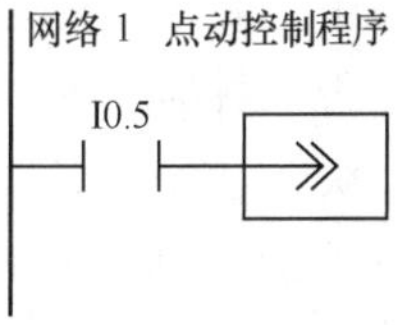

图 3-15 输入触点的地址

双击（或拖曳）线圈图标，在 ? ? .? 框中输入地址 Q0.2，按"Enter"键，程序输入完毕，如图 3-16 所示。

（2）使用工具栏指令图标输入指令。工具栏指令图标如图 3-17 所示。

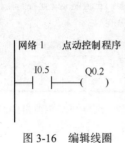

图 3-16　编辑线圈

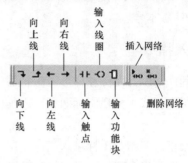

图 3-17　工具栏指令图标

（3）获得指令帮助信息。若想了解指令的使用方法，可用鼠标右键单击指令树"位逻辑"图标中的触点指令或线圈指令，选择"帮助"，即可出现该指令的中文帮助信息。

（4）查看指令表。单击菜单栏中"查看"→"STL"，则从梯形图编辑界面自动转为指令表编辑界面，如图 3-18 所示。如果熟悉指令的话，也可以在指令表编辑界面中编写用户程序。

4. 程序编译

用户程序编辑完成后，必须编译成 PLC 能够识别的机器指令，才能下载到 PLC。单击菜单栏中"PLC"→"编译"，开始编译机器指令。编译结束后，在输出窗口中显示结果信息，如图 3-19 所示。纠正编译中出现的所有错误后，程序才算编辑成功。

图 3-18　指令表编辑界面　　　　　　　　图 3-19　在输出窗口显示编译结果

5. 程序下载

计算机与 PLC 建立了通信连接并且编译无误后，可以将程序下载到 PLC。下载时 PLC 状态开关应拨到"STOP"位置或单击工具栏菜单■按钮。如果状态开关在其他位置，程序会询问是否转到"STOP"状态。

单击菜单栏中"文件"→"下载"，或单击工具栏菜单▼按钮，在如图 3-20 所示的"下载"对话框中选择是否下载程序块、数据块和系统块等（通常若程序中不包含数据块或更新系统，只选择下载程序块）。单击"下载"按钮，开始下载程序。

下载是从编程计算机将程序装入 PLC；上传则相反，是将 PLC 中存储的程序上传到编程计算机。

6. 运行操作

程序下载到 PLC 后，将 PLC 状态开关拨到"RUN"位置或单击工具栏菜单▷按钮，按下连接 I0.5 的按钮，则输出端 Q0.2 通电；松开此按钮，Q0.2 断电，实现了点动控制功能。

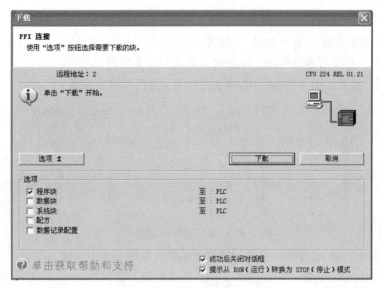

图 3-20   "下载"对话框

7. 程序运行监控

单击程序菜单栏中"调试"→"开始程序状态监控"，未接通的触点和线圈以灰白色显示，通电的触点和线圈以蓝色块显示，并且出现"ON"字符，如图 3-21 所示。

至此，完成了点动控制程序的编辑、写入、程序运行操作和监控过程。

网络 1   点动控制程序

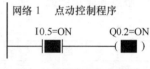

图 3-21   程序状态监控图

3.2

串联、并联指令，置位、复位指令与自锁控制程序

自锁控制是电气控制系统中最常用的功能之一。在本节中，将学习 PLC 软元件触点的串联、并联指令和置位、复位指令，并应用指令编写电动机自锁控制程序。

3.2.1　触点串联指令 A、AN

触点串联指令与、与反的助记符和逻辑功能等指令属性见表 3-3。

表 3-3   A、AN 指令

指 令 名 称	助 记 符	逻 辑 功 能	操 作 数
与	A	用于单个常开触点的串联连接	I、Q、M、SM、T、C、V、S、L
与反	AN	用于单个常闭触点的串联连接	I、Q、M、SM、T、C、V、S、L

触点串联指令的使用说明如下。

（1）A 指令完成逻辑“与”运算，AN 指令完成逻辑“与反”运算。

（2）触点串联指令可连续使用，串联触点的次数没有限制。

【例题 3.1】 阅读如图 3-22 所示的程序梯形图，分析其逻辑关系。

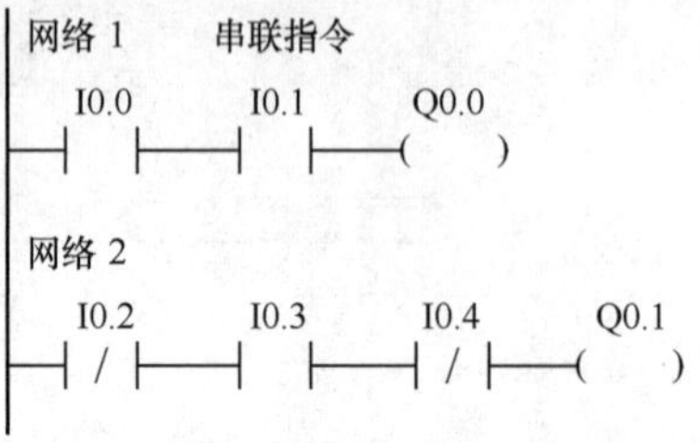


```
网络 1   串联指令
LD       I0.0
A        I0.1
=        Q0.0
网络 2
LDN      I0.2
A        I0.3
AN       I0.4
=        Q0.1
```

图 3-22 例题 3.1 程序

【解】 如图 3-22 所示程序梯形图的逻辑关系是：在网络 1 中，输入继电器常开触点 I0.0、I0.1 串联控制输出继电器 Q0.0；在网络 2 中，输入继电器常闭触点 I0.2、I0.4 和常开触点 I0.3 串联控制输出继电器 Q0.1。

3.2.2 触点并联指令 O、ON

触点并联指令或、或反的助记符和逻辑功能等指令属性见表 3-4。

表 3-4 O、ON 指令

指令名称	助记符	逻辑功能	操作数
或	O	用于单个常开触点的并联连接	I、Q、M、SM、T、C、V、S、L
或反	ON	用于单个常闭触点的并联连接	I、Q、M、SM、T、C、V、S、L

触点并联指令的使用说明如下。

（1）O 指令完成逻辑“或”运算，ON 指令完成逻辑“或反”运算。

（2）触点并联指令可连续使用，并联触点的次数没有限制。

【例题 3.2】 编写一个自锁控制程序。启动/停止按钮均使用常开触点，分别连接输入继电器 I0.0/I0.1 端子，控制电动机的接触器连接输出继电器 Q0.5 端子。

【解】 自锁控制程序如图 3-23 所示，与电气控制电路相似，用输出继电器 Q0.5 的常开触点与 I0.0 并联即具有自锁功能。

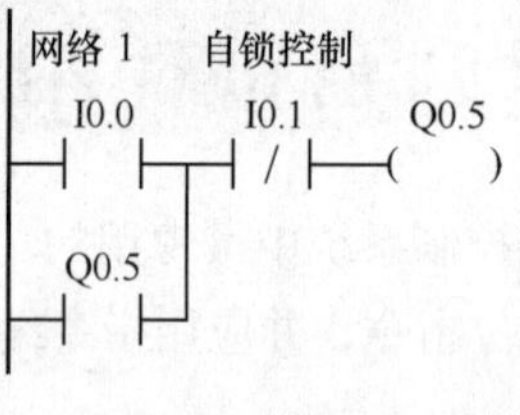


```
网络 1   自锁控制
LD       I0.0
O        Q0.5
AN       I0.1
=        Q0.5
```

图 3-23 例题 3.2 程序

【例题 3.3】 编写一个自锁控制程序。启动按钮使用常开触点，连接输入继电器 I0.0 端子，停止按钮使用常闭触点，连接输入继电器 I0.1 端子，控制电动机的接触器连接输出继电器 Q0.5 端子。

【解】 自锁控制程序如图 3-24 所示。在程序中，I0.1 要用常开触点，未按下停止按钮时，由于输入继电器 I0.1 通电，所以程序中 I0.1 的常开触点为闭合状态，为 Q0.5 通电做好准备。当按下启动按钮时，输入继电器 I0.0 通电，I0.0 常开触点闭合，Q0.5 通电自锁；当按下停止按钮时，由于输入继电器 I0.1 断电，所以 I0.1 的常开触点分断，Q0.5 断电解除自锁。

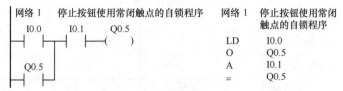

图 3-24　例题 3.3 程序

在工业设备控制中，凡具有"停止"和"过载保护"等关系到安全保障功能的信号一般都应使用其物理常闭触点，防止因不能及时发现断线故障而失去作用。

3.2.3　置位指令 S、复位指令 R

置位指令 S、复位指令 R 的梯形图符号、逻辑功能等指令属性见表 3-5。

表 3-5　　　　　　　　　　　　　　　　S、R 指令

指令名称	梯形图	指令表	逻辑功能	操作数
置位指令	bit (S) N	S bit, N	从 bit 开始的 N 个元件置 1 并保持	Q、M、SM、T、C、V、S、L
复位指令	bit (R) N	R bit, N	从 bit 开始的 N 个元件清 0 并保持	

置位指令与复位指令的使用说明如下。

（1）bit 表示位元件，N 表示常数，N 的范围为 1～255。

（2）被 S 指令置位的软元件只能用 R 指令才能复位。

（3）R 指令也可以对定时器和计数器的当前值清 0。

【例题 3.4】用置位指令与复位指令编写具有自锁功能的程序。启动按钮使用常开触点，连接输入继电器 I0.0 端子，停止按钮使用常闭触点，连接输入继电器 I0.1 端子，控制电动机的接触器连接输出继电器 Q0.5 端子。

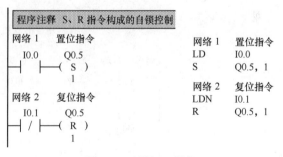

图 3-25　例题 3.4 程序

【解】　程序如图 3-25 所示。当按下启动按钮时，I0.0 触点闭合，输出继电器 Q0.5 置位通电，松开启动按钮，Q0.5 仍保持通电状态。当按下停止按钮时，I0.1 触点闭合，Q0.5 复位断电。可以看出，本例程序与例题 3.3 的程序具有相同的逻辑功能。

3.2.4　实习操作：电动机自锁控制电路与程序

1．电动机自锁控制电路输入/输出端口分配

电动机自锁控制电路输入/输出端口分配见表 3-6。

表 3-6   输入/输出端口分配表

输 入 端 口			输 出 端 口	
输入继电器	输入元件	作用	输出继电器	输出元件
I0.0	KH 常闭触点	过载保护	Q0.1	交流接触器 KM
I0.1	SB1 常闭触点	停止按钮		
I0.2	SB2 常开触点	启动按钮		

2. 电动机自锁控制电路和程序

电动机自锁控制电路如图 3-26 所示，控制程序如图 3-27 所示。

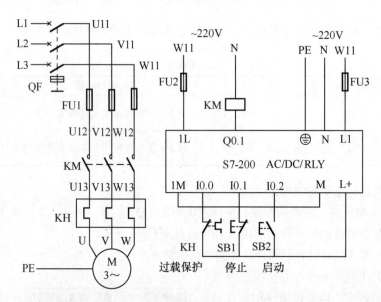

图 3-26　电动机自锁控制电路

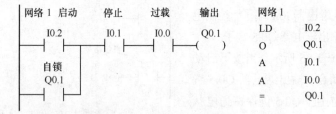

图 3-27　电动机自锁控制程序

3. 接线时注意事项

（1）要认真核对 PLC 的电源规格，不同厂家或不同类型的 PLC 使用电源可能大不相同。交流电源要接于专用端子上，如果接在其他端子上会烧坏 PLC。

（2）接触器应选择额定电压为交流 220V 或以下电压等级的线圈。

（3）PLC 不要与电动机或其他大负荷负载做同一个公共接地。

4. 操作步骤

（1）按图 3-26 所示电路连接三相异步电动机自锁控制电路。

（2）接通电源，拨状态开关于"TERM"（终端）位置。

（3）启动编程软件，单击工具栏停止图标■使 PLC 处于"STOP"（停止）状态。

（4）将图 3-27 所示自锁控制程序下载 PLC。

（5）单击工具栏运行图标▶使 PLC 处于"RUN"（运行）状态。

（6）PLC 上输入指示灯 I0.0 应点亮，表示输入继电器 I0.0 被热继电器 KH 的常闭触点接通。如果指示灯 I0.0 不亮，说明热继电器 KH 的常闭触点分断，热继电器已过载保护。

（7）PLC 上输入指示灯 I0.1 应点亮，表示输入继电器 I0.1 被停止按钮 SB1 的常闭触点接通。如果指示灯 I0.1 不亮，说明连接停止按钮 SB1 常闭触点的接线断开，应重新连线。

（8）按下启动按钮 SB2，输入继电器 I0.2 常开触点闭合，使输出继电器 Q0.1 通电自锁，交流接触器 KM 通电，电动机 M 通电运行。

（9）按下停止按钮 SB1，输入继电器 I0.1 常开触点分断，使输出继电器 Q0.1 断电解除自锁，交流接触器 KM 失电，电动机 M 断电停止。

3.3 边沿脉冲指令与正反转控制程序

正反转控制是电气控制系统的常见控制，本节介绍边沿脉冲指令在电动机正反转控制程序中的应用。

3.3.1 脉冲上升沿、下降沿指令 EU、ED

脉冲上升沿指令 EU、脉冲下降沿指令 ED 的梯形图符号及逻辑功能等指令属性见表 3-7。

表 3-7　　　　　　　　　　　　　　EU、ED 指令

指 令 名 称	梯 形 图	指 令 表	逻 辑 功 能
脉冲上升沿指令	─┤ P ├─	EU	在上升沿产生一个周期脉冲
脉冲下降沿指令	─┤ N ├─	ED	在下降沿产生一个周期脉冲

脉冲指令的使用说明如下。

（1）EU 指令在其之前的逻辑运算结果的上升沿时产生一个扫描周期的脉冲。

（2）ED 指令在其之前的逻辑运算结果的下降沿时产生一个扫描周期的脉冲。

【例题 3.5】　某台设备有两台电动机 M1 和 M2，其交流接触器分别连接输出继电器 Q0.1 和 Q0.2，总启动按钮使用常开触点，连接输入继电器 I0.0 端口，总停止按钮使用常闭触点，连接输入继电器 I0.1 端口。为了减小两台电动机同时启动对供电电路的影响，让 M2 稍微延迟片

刻启动。控制要求是：按下启动按钮，M1 立即启动，松开启动按钮时，M2 才启动；按下停止按钮，M1、M2 同时停止。

【解】 根据控制要求，启动第一台电动机用 EU 指令，启动第二台电动机用 ED 指令，程序如图 3-28 所示。

```
网络1  启动按钮按下时通电
LD     I0.0
EU
O      Q0.1
A      I0.1
=      Q0.1
网络2  启动按钮松开时通电
LD     I0.0
ED
O      Q0.2
A      I0.1
=      Q0.2
```

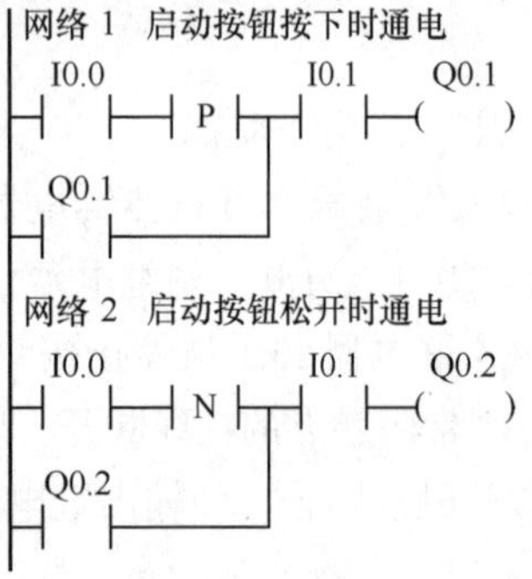

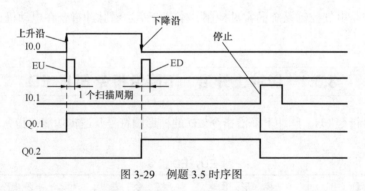

图 3-28 例题 3.5 程序

程序工作原理如下：按下启动按钮的瞬间，输入继电器 I0.0 的常开触点闭合，EU 指令在其上升沿时控制输出继电器 Q0.1 通电自锁，M1 启动。

松开启动按钮的瞬间，输入继电器 I0.0 的常开触点分断，ED 指令在其下降沿控制输出继电器 Q0.2 通电自锁，M2 启动。

当 M1、M2 运转时按下停止按钮，Q0.1 和 Q0.2 均断电解除自锁，M1 和 M2 断电停止。时序图如图 3-29 所示。

图 3-29 例题 3.5 时序图

3.3.2 实习操作：电动机正反转控制电路与程序

三相交流异步电动机正反转控制要求如下：不通过停止按钮，直接按正反转按钮就可以改变电动机的转向，因此需要采用按钮联锁。为了减轻正反转换向瞬间电流对电动机的冲击，适当延长变换过程，即在正向运转状态时，如果按下反转按钮，先停止正转，延迟片刻松开反转按钮时，再接通反转，反转改为正转的过程与此相同。

1. 电动机正反转控制电路输入/输出端口分配

电动机正反转控制电路输入/输出端口分配，见表 3-8。

表 3-8			输入/输出端口分配表		
输 入 端 口			输 出 端 口		
输入继电器	输入元件	作用	输出继电器	输出元件	作用
I0.0	KH 常闭触点	过载保护	Q0.1	接触器 KM1	M 正转
I0.1	SB1 常闭触点	停止按钮	Q0.2	接触器 KM2	M 反转
I0.2	SB2 常开触点	正转按钮			
I0.3	SB3 常开触点	反转按钮			

2. 电动机正反转控制电路

电动机正反转控制电路如图 3-30 所示。

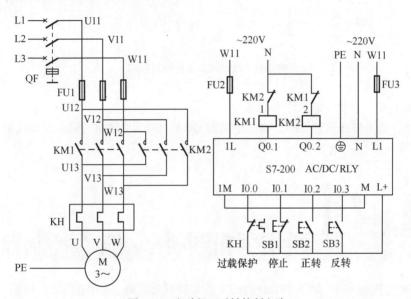

图 3-30　电动机正反转控制电路

对于不能同时通电工作的接触器，如正反转控制接触器，必须有接触器常闭触点的硬件联锁，仅依靠程序软件联锁是不够的，因为 PLC 在写输出阶段，同一软元件的常开与常闭触点是同时动作的，如果没有接触器的硬件联锁，则会发生电源短路事故。

3. 电动机正反转控制程序

电动机正反转控制程序如图 3-31 所示。

4. 操作步骤

（1）按图 3-30 所示连接三相异步电动机正反转控制电路。

（2）将图 3-31 所示控制程序下载 PLC。

（3）PLC 上输入指示灯 I0.0、I0.1 应亮，表示热继电器和停止按钮连线正常。

（4）正转启动。按下正转按钮 SB2，I0.3 常闭触点联锁反转输出继电器 Q0.2 分断，I0.2 常开触点闭合；松开 SB2，I0.2 常开触点分断，下降沿脉冲指令 ED 使正转输出继电器 Q0.1 通电自锁，交流接触器 KM1 通电，电动机 M 通电正转运行。

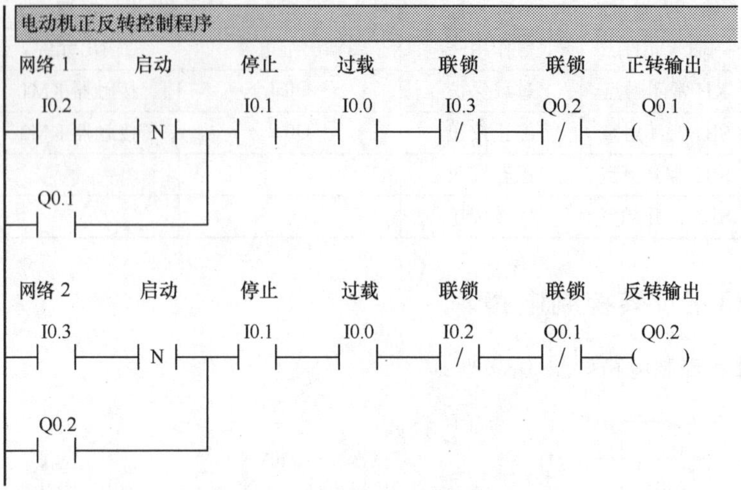

图 3-31　电动机正反转控制程序

（5）反转启动。分析方法同正转启动。

（6）停止。按下停止按钮 SB1，输出继电器 Q0.1、Q0.2 均解除自锁，交流接触器失电，电动机 M 断电停止。

3.4 块指令和点动自锁混合控制程序

在 PLC 梯形图程序中，除了单个触点的串联与并联形式外，还有电路块的串联与并联形式，串联电路块要应用"ALD"指令，并联电路块要应用"OLD"指令。

3.4.1　电路块指令 ALD、OLD

1. ALD 指令

两个以上触点并联形成的电路叫并联电路块，与并联电路块串联的指令为 ALD，该指令的助记符、逻辑功能等指令属性见表 3-9。

表 3-9　　　　　　　　　　　　　　　ALD 指令

指令名称	助记符	逻辑功能	操作元件
与块	ALD	并联电路块的串联连接	无

"与块"指令 ALD 的使用说明如下。

（1）ALD 指令不带操作数。

（2）并联电路块的起点用 LD 或 LDN 指令，并联结束后使用 ALD 指令，表示该电路块与前面的电路是逻辑串联关系。

【例题 3.6】 阅读如图 3-32（a）所示的梯形图，分析其逻辑关系，并写出对应的指令表。

【解】 如图 3-32（a）所示梯形图的逻辑关系是：I0.0 触点与 Q0.0 触点并联，与 I0.1、I0.2 组成的并联电路块串联，然后控制 Q0.0。因此，要使用串联电路块指令。指令表如图 3-32（b）所示。

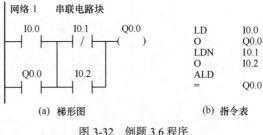

图 3-32　例题 3.6 程序

【例题 3.7】 写出如图 3-33（a）所示梯形图对应的指令表。

【解】 如图 3-33（a）梯形图所对应的指令表如图 3-33（b）所示。

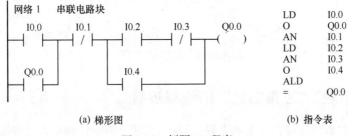

图 3-33　例题 3.7 程序

2. OLD 指令

两个以上触点串联形成的电路称为串联电路块，与串联电路块并联的指令为 OLD，该指令的助记符、逻辑功能等指令属性见表 3-10。

表 3-10　　　　　　　　　　　　　　　　OLD 指令

指 令 名 称	助 记 符	逻 辑 功 能	操 作 元 件
或块	OLD	串联电路块的并联连接	无

"或块"指令 OLD 的使用说明如下。

（1）OLD 指令不带操作数。

（2）串联电路块的起点用 LD 或 LDN 指令，每完成一次并联要使用 OLD 指令，表示该电路块与前面的电路是并联逻辑关系。

【例题 3.8】 阅读如图 3-34（a）所示的梯形图，分析其逻辑关系，并写出对应的指令表。

【解】 如图 3-34（a）所示梯形图的逻辑关系是：I0.0 与 I0.1 串联组成电路块 1，Q0.0 与 I0.3 串联组成电路块 2，电路块 1 与电路块 2 并联后再与 I0.2 串联，然后控制 Q0.0。对应的指令表如图 3-34（b）所示。

【例题 3.9】 阅读如图 3-35（a）所示的梯形图，写出对应的指令表。

【解】 如图 3-35（a）所示梯形图程序中先后使用了并联电路块和串联电路块，对应的指令表如图 3-35（b）所示。

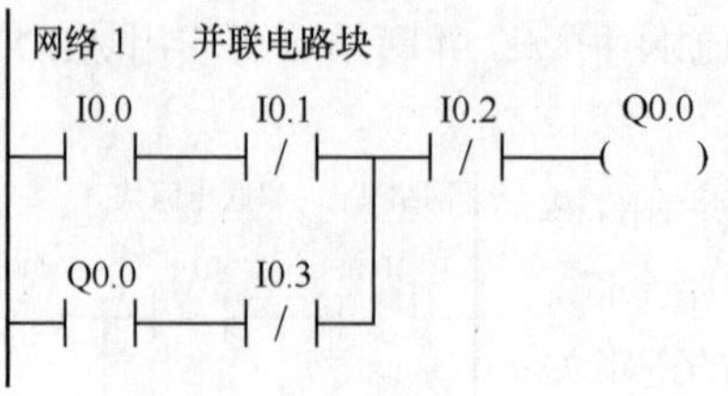

网络 1　　并联电路块

```
          I0.0   I0.1    I0.2    Q0.0              LD    I0.0
         ├─┤ ├──┤/├──┤/├──( )              AN    I0.1
         │                               LD    Q0.0
         │  Q0.0   I0.3                    AN    I0.3
         └─┤ ├──┤ ├─                      OLD
                                          AN    I0.2
                                          =     Q0.0
```

(a) 梯形图　　　　　　　　　　　　　　(b) 指令表

图 3-34　例题 3.8 程序

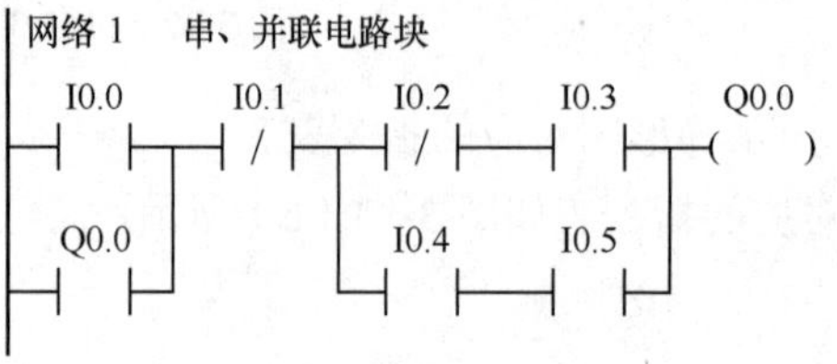

网络 1　　串、并联电路块

```
          I0.0   I0.1   I0.2   I0.3    Q0.0           LD    I0.0
         ├─┤ ├──┤├──┤/├──┤/├──┤├──( )           O     Q0.0
         │                               AN    I0.1
         │  Q0.0          I0.4   I0.5               LDN   I0.2
         └─┤ ├──────────┤├──┤├─               A     I0.3
                                                    LD    I0.4
                                                    A     I0.5
                                                    OLD
                                                    ALD
                                                    =     Q0.0
```

(a) 梯形图　　　　　　　　　　　　　　(b) 指令表

图 3-35　例题 3.9 程序

3. "上重下轻""左重右轻"的编程规则

PLC 的程序梯形图应符合"上重下轻""左重右轻"的编程规则，使程序结构精简，运行速度快。

如图 3-36 所示程序梯形图符合"上重下轻"的编程规则，程序共有 4 条指令语句。

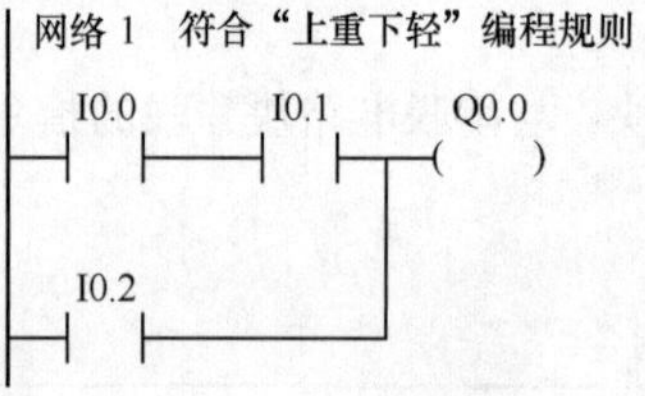

网络 1　符合"上重下轻"编程规则　　　　网络 1　　符合"上重下轻"编程规则

```
          I0.0   I0.1    Q0.0              LD    I0.0
         ├─┤ ├──┤├──( )              A     I0.1
         │                               O     I0.2
         │  I0.2                          =     Q0.0
         └─┤ ├──┤
```

图 3-36　符合"上重下轻"编程规则

如图 3-37 所示梯形图程序不符合"上重下轻"的编程规则，虽然逻辑功能与图 3-36 所示的程序相同，但程序有 5 条指令语句，多用 1 条 OLD 指令。

如图 3-38 所示梯形图程序符合"左重右轻"的编程规则，程序共有 4 条指令语句。

如图 3-39 所示梯形图程序不符合"左重右轻"的编程规则，虽然逻辑功能与图 3-38 所示的程序相同，但程序指令语句有 5 条，多用 1 条 ALD 指令。

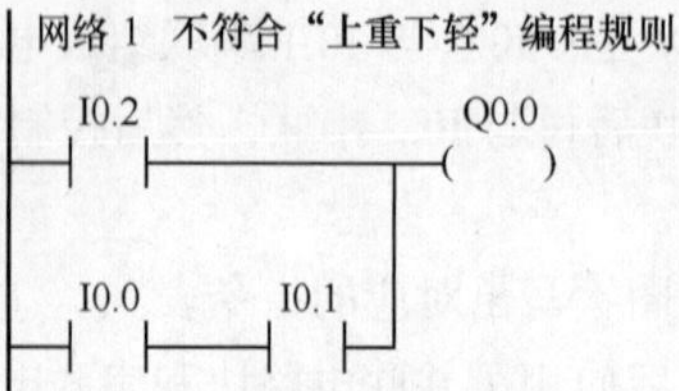

网络 1　不符合"上重下轻"编程规则　　网络 1　　不符合"上重下轻"编程规则

```
          I0.2          Q0.0              LD    I0.2
         ├─┤ ├────────( )              LD    I0.0
         │                               A     I0.1
         │  I0.0   I0.1                   OLD
         └─┤ ├──┤├─                      =     Q0.0
```

图 3-37　不符合"上重下轻"编程规则

网络 1　符合"左重右轻"编程规则

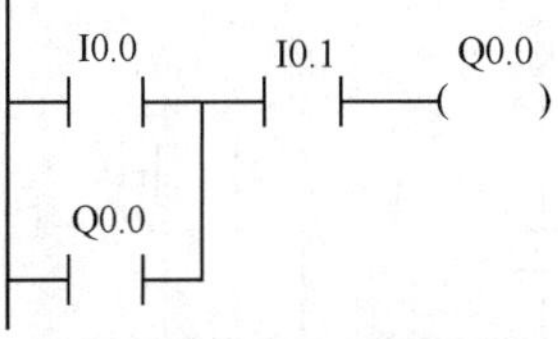

```
     I0.0      I0.1      Q0.0
    ──┤├──────┤├───────( )──
     Q0.0
    ──┤├──
```

网络 1　符合"左重右轻"编程规则

```
LD        I0.0
O         Q0.0
A         I0.1
=         Q0.0
```

图 3-38　符合"左重右轻"编程规则

网络 1　不符合"左重右轻"编程规则

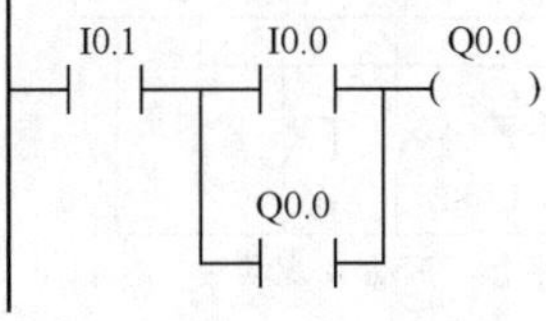

```
     I0.1      I0.0      Q0.0
    ──┤├──────┤├───────( )──
     Q0.0
    ──┤├──
```

网络 1　不符合"左重右轻"编程规则

```
LD        I0.1
LD        I0.0
O         Q0.0
ALD
=         Q0.0
```

图 3-39　不符合"左重右轻"编程规则

3.4.2　实习操作：点动自锁混合控制电路与程序

1.　点动自锁混合控制电路的控制要求

某生产设备有 1 台电动机，除连续运行控制外，还需要用点动控制调整生产工艺的初始状态。3 个操作按钮分别是停止按钮、启动按钮和点动按钮。

2.　点动自锁混合控制电路输入/输出端口分配

点动自锁混合控制电路输入/输出端口分配见表 3-11。

表 3-11　　　　　　　　　　　　　　　输入/输出端口分配表

输 入 端 口			输 出 端 口		
输入继电器	输入元件	作用	输出继电器	输出元件	控制对象
I0.0	KH 常闭触点	过载保护	Q0.1	接触器 KM	电动机 M
I0.1	SB1 常闭触点	停止按钮			
I0.2	SB2 常开触点	启动按钮			
I0.3	SB3 常开触点	点动按钮			

3.　点动自锁混合控制电路

点动自锁混合控制电路如图 3-40 所示。

4.　位存储器 M

在 PLC 执行程序过程中，可以用内部软元件位存储器来存储中间操作状态和控制信息，其作用相当于电气控制中的中间继电器。位存储器用"M"表示，共 256 位，采用八进制（M0.0～M0.7，…，M31.0～M31.7）。

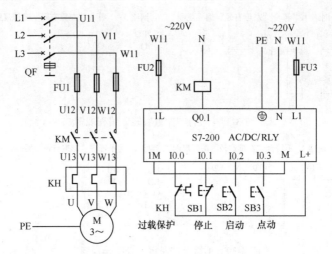

图 3-40　点动自锁混合控制电路

5. 点动自锁混合控制程序

点动自锁混合控制程序如图 3-41 所示。

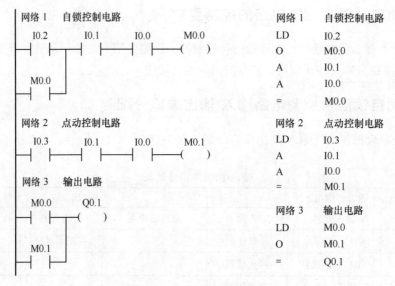

图 3-41　点动自锁混合控制程序

6. 操作步骤

（1）按图 3-40 所示连接点动自锁混合控制电路。

（2）将图 3-41 所示的控制程序下载 PLC。

（3）PLC 上输入指示灯 I0.0、I0.1 应亮，表示热继电器和停止按钮连线正常。

（4）按下点动按钮，电动机得电运行；松开点动按钮，电动机断电停止。

（5）按下启动按钮，电动机得电连续运行。

（6）按下停止按钮，电动机断电停止。

（7）断开 KH 常闭触点的连线，模拟过载故障，电动机断电停止。

3.5 定时器指令与延时控制程序

在继电器控制系统中经常使用时间继电器来实现延时控制，在 PLC 控制系统中，也有与时间继电器一样起延时作用的定时器指令。

3.5.1 定时器指令 TON、TOF、TONR

定时器的类型有 3 种：接通延时定时器（TON）、断开延时定时器（TOF）和有记忆接通延时定时器（TONR）。其指令格式见表 3-12。

表 3-12 定时器指令格式

项 目	接通延时定时器	断开延时定时器	有记忆接通延时定时器
梯形图	IN TON PT ???ms	IN TOF PT ???ms	IN TONR PT ???ms
指令表	TON T××, PT	TOF T××, PT	TONR T××, PT

S7-200 系列 PLC 有 256 个定时器，地址编号为 T0～T255，对应不同的定时器指令，其分类见表 3-13。

表 3-13 定时器指令与定时器分类

定时器指令	分辨率（ms）	计时范围（s）	定 时 器 号
TONR	1	0.001～32.767	T0、T64
	10	0.01～327.67	T1～T4、T65～T68
	100	0.1～3 276.7	T5～T31、T69～T95
TON TOF	1	0.001～32.767	T32、T96
	10	0.01～327.67	T33～T36、T97～T100
	100	0.1～3 276.7	T37～T63、T101～T255

定时器使用说明如下。

（1）虽然 TON 和 TOF 的定时器编号范围相同，但一个定时器号不能同时用作 TON 和 TOF。例如，不能既有 TON T32 又有 TOF T32。

（2）定时器计时实际上是对脉冲周期进行计数，其计数值存放于当前值寄存器中（16 位，数值范围是 1～32 767）。

（3）定时器的延时时间为定时器的分辨率乘以设定值（PT）。

（4）每个定时器都有一个位元件，定时时间到，位元件动作。

1. 接通延时定时器指令（TON）

TON 定时器用于单一时间间隔的定时。当 TON 定时器的输入端（IN）接通时，TON 定时器开始计时，当定时器的当前值等于设定值（PT）时，定时器位元件动作。当输入端（IN）断开时，定时器当前值寄存器内的数据和位元件自动复位。

TON 定时器指令的应用如图 3-42 所示。当 I0.0 常开触点接通时，定时器 T37 开始对 100ms 脉冲周期进行计数，在当前值寄存器中的数据与设定值 100 相等（即定时时间 100ms×100 = 10s）时，定时器位元件动作，T37 常开触点闭合，Q0.1 通电。当 I0.0 常开触点分断时，T37 定时器的当前值寄存器的数据和位元件自动复位，T37 常开触点分断，Q0.1 断电。

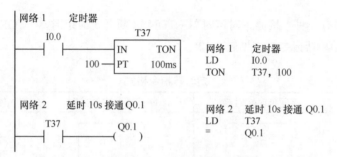

图 3-42　TON 定时器的应用

2. 断开延时定时器指令（TOF）

TOF 定时器用于关断或故障事件后的定时。当 TOF 定时器输入端（IN）接通时，定时器位元件置位，并把当前值设为 0。当输入端（IN）断开时，TOF 定时器开始计时，当定时器的当前值等于设定值（PT）时，定时器位元件复位，并且停止计时。如果输入端（IN）断开的持续时间小于设定值，定时器位元件一直保持置位状态。

TOF 指令的应用举例如图 3-43 所示。某设备生产工艺要求是：当主电动机停止后，冷却风机要继续运转 60s，以便对主电动机降温。上述工艺要求可以用断开延时定时器来实现，Q0.1 控制主电动机，Q0.2 控制冷却风机。

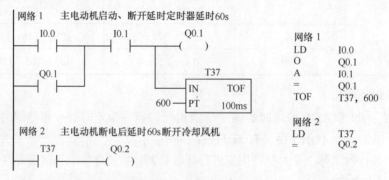

图 3-43　TOF 定时器的应用

程序工作原理是：当按下启动按钮 I0.0 时，Q0.1 通电自锁，同时断开延时定时器 T37 常开触点闭合，Q0.2 通电，因此，主电动机和冷却风机同时运转。当按下停止按钮 I0.1 时，Q0.1 断开解除自锁，主电动机停止；同时 T37 开始延时，当 T37 延时 60s 时，T37 常开触点分断，Q0.2 断电，冷却风机停止。

3. 有记忆接通延时定时器指令（TONR）

TONR 定时器用于累计多个时间间隔。有记忆接通延时定时器在计时中途当输入端（IN）断开时，当前值寄存器中的数据仍然保持，当输入端重新接通时，当前值寄存器在原有数据的基础上继续计数，直到累计时间达到设定值时，定时器动作。有记忆接通定时器的当前值寄存器数据只能用复位指令清 0。

TONR 定时器指令的应用如图 3-44 所示。当 I0.0 常开触点接通时，定时器 T5 开始对 100ms 脉冲周期进行累积计数。在当前值寄存器中的数据与设定值 100 相等（即定时时间 100ms×100 = 10s）时，定时器 T5 常开触点接通，Q0.1 通电。

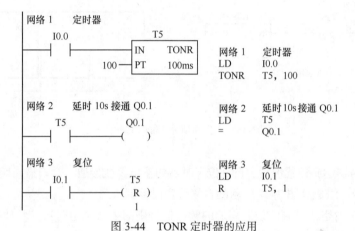

图 3-44 TONR 定时器的应用

在计时中途，若 I0.0 触点断开，则 T5 的当前值寄存器保持数据不变。当 I0.0 重新接通时，T5 在原有数据的基础上继续计时。当 I0.1 常开触点接通时，复位指令使 T5 复位，数据清 0，T5 常开触点分断，Q0.1 断电。

3.5.2 特殊存储器 SM 与脉冲产生程序

特殊存储器用"SM"表示，使用特殊存储器可以选择或控制 PLC 的一些特殊功能。不同型号的 PLC 所具有的特殊存储器的位数不同，以 CPU224 为例，共 4 400 位，采用八进制（SM0.0～SM0.7，…，SM549.0～SM549.7）。

例如，特殊存储器 SM0.0 在程序运行时一直为 ON 状态，SM0.1 仅在执行用户程序的第一个扫描周期为 ON 状态。SM0.4、SM0.5 可以分别产生占空比为 1/2、脉冲周期为 1min 和 1s 的脉冲周期信号，如图 3-45（a）所示。在如图 3-45（b）所示的梯形图中，用 SM0.4 的触点控制输出端 Q0.0，用 SM0.5 的触点控制输出端 Q0.1，可使 Q0.0 和 Q0.1 按脉冲周期间断通电。

在实际应用中也可以组成自复位定时器来产生任意周期的脉冲信号。例如，产生周期为15s的脉冲信号，其梯形图和时序图如图3-46所示。

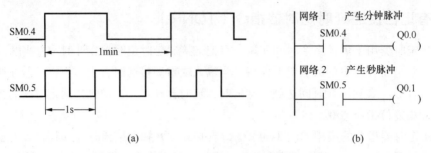

图 3-45　特殊存储器 SM0.4、SM0.5 的波形及应用

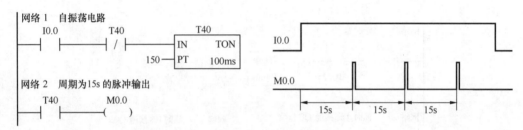

图 3-46　产生周期为 15s 的脉冲信号

为了确保定时器达到预置值后，自复位定时器的输出都能接通一个扫描周期，分辨率为 1ms 和 10ms 的定时器应组成如图 3-47 所示的自复位定时器。

如果产生一个占空比可调的任意周期的脉冲信号则需要 2 个定时器，脉冲信号的低电平时间为 10s，高电平时间为 20s 的程序如图 3-48 所示。

当 I0.0 接通时，T40 开始计时，T40 定时 10s 时间到，T40 常开触点闭合，Q0.1 通电，T41 开始计时；T41 定时 20s 时间到，T41 常闭触点分断，T40 复位，Q0.1 断电，T41 复位。T41 常闭触点闭合，T40 再次接通延时。因此，输出继电器 Q0.1 周期性通电 20s、断电 10s。各元件时序图如图 3-49 所示。

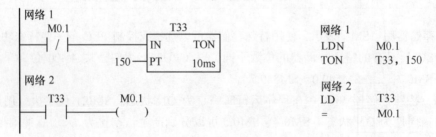

图 3-47　1ms 和 10ms 自复位定时器使用举例

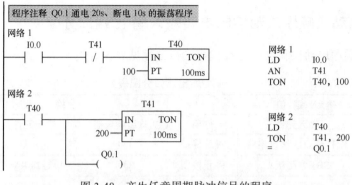

图 3-48 产生任意周期脉冲信号的程序

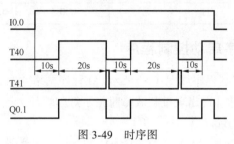

图 3-49 时序图

3.5.3 实习操作：3 台电动机顺序启动控制电路与程序

1．3 台电动机顺序启动控制电路

某生产设备有 3 台电动机，其生产工艺要求是：当按下启动按钮时，M1 启动；当 M1 运行 4s 后，M2 启动；当 M2 运行 5s 后，M3 启动；当按下停止按钮时，3 台电动机同时停止。在启动过程中，指示灯 HL 常亮，表示"正在启动中"；启动过程结束后，指示灯 HL 熄灭；当某台电动机出现过载故障时，全部电动机均停止，指示灯 HL 闪烁，表示"出现过载故障"。3 台电动机顺序启动控制电路如图 3-50 所示。

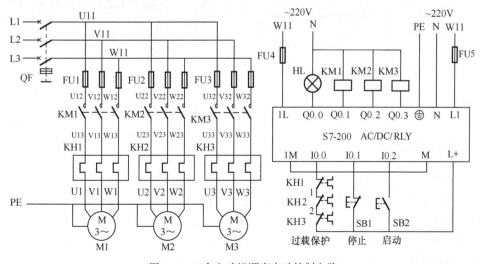

图 3-50 3 台电动机顺序启动控制电路

2. 3 台电动机顺序启动控制电路输入/输出端口分配

3 台电动机顺序启动控制电路输入/输出端口分配见表 3-14。

表 3-14 输入/输出端口分配表

输 入 端 口			输 出 端 口		
输入继电器	输入元件	作用	输出继电器	输出元件	控制对象
I0.0	KH1~KH3 触点串联	过载保护	Q0.0	指示灯	HL
I0.1	SB1 常闭触点	停止按钮	Q0.1	接触器 KM1	电动机 M1
I0.2	SB2 常开触点	启动按钮	Q0.2	接触器 KM2	电动机 M2
			Q0.3	接触器 KM3	电动机 M3

3. 3 台电动机顺序启动控制程序

3 台电动机顺序启动控制程序如图 3-51 所示。在程序网络 4 中，指示灯在启动过程中常亮，利用 SM0.5 产生的秒周期脉冲使出现过载故障时指示灯闪烁。

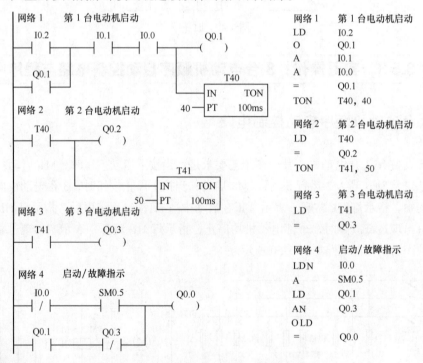

图 3-51 3 台电动机顺序启动控制程序

4. 操作步骤

（1）按图 3-50 所示连接 3 台电动机顺序启动控制电路，下载如图 3-51 所示控制程序。

（2）PLC 上输入指示灯 I0.0、I0.1 应亮，表示热继电器和停止按钮连线正常。

（3）当按下启动按钮 SB2 时，第 1 台电动机启动，同时指示灯 HL 亮；延时 4s 后第 2 台电动机启动；再延时 5s 后第 3 台电动机启动。第 3 台电动机启动后指示灯 HL 灭。

（4）当按下停止按钮 SB1 时，3 台电动机均断电停止。

（5）断开 I0.0 接线端，模拟过载故障，3 台电动机均断电停止，指示灯 HL 闪烁报警。

3.6 计数器指令与计数控制程序

在生产中需要计数的场合很多，例如，对生产流水线上的工件进行定量计数。在 PLC 程序中，可以应用计数器来实现计数控制。

计数器的指令格式见表 3-15，表中 C×××为计数器编号，范围为 C0～C255。CU 为增计数信号输入端，CD 为减计数信号输入端，R 为复位输入端，LD 为装载设定值，PV 为设定值。计数器的功能是对输入脉冲进行计数，计数发生在脉冲的上升沿，当达到计数器设定值时，计数器的位元件动作，以完成计数控制任务。

表 3-15 计数器指令

格　式	名　称		
	增计数器 CTU	减计数器 CTD	增减计数器 CTUD
梯形图	C××× CU　CTU R PV	C××× CD　CTD LD PV	C××× CU　CTUD CD R PV
指令表	CTU C×××, PV	CTD C×××, PV	CTUD C×××, PV

3.6.1 增计数器指令 CTU

增计数器指令 CTU 从当前值开始，在每一个 CU 输入状态的上升沿时递增计数。在当前计数值≥设定值 PV 时，计数器被置位。当复位端 R 被接通或者执行复位指令时，计数器被复位。当达到最大值（32 767）后，计数器停止计数。

【例题 3.10】 设 I0.0 连接增计数输入端，I0.1 连接复位端，计数值为 5 时，输出端 Q0.1 通电，试编写控制程序并绘出时序图。

【解】 程序如图 3-52 所示，时序图如图 3-53 所示。

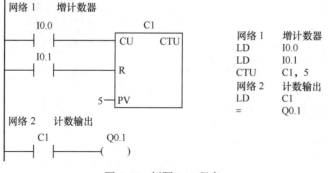

图 3-52　例题 3.10 程序

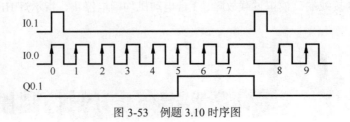

图 3-53　例题 3.10 时序图

【例题 3.11】 编写一个长时间延时控制程序，设 I0.0 闭合 5h 后，输出端 Q0.1 通电。

【解】 由于一个定时器最多只能延时 3 276.7s，因此可由 SM0.5（秒脉冲信号）和一个计数器构成控制程序，延时时间为 1s×18 000 = 5h，程序如图 3-54 所示。

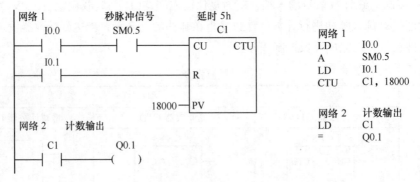

图 3-54　例题 3.11 程序

3.6.2　减计数器指令 CTD

减计数器指令 CTD 从设定值开始，在每一个 CD 输入状态的上升沿时递减计数。在当前计数值等于 0 时，计数器被置位。当装载输入端 LD 接通时，计数器自动复位，当前值复位为设定值 PV。

图 3-55 所示是减计数器的应用举例程序。当 I0.1 常开触点闭合时，设定值被装载，C1 被复位，C1 常开触点分断，Q0.1 断电。在 I0.0 常开触点闭合时，CTD 开始减计数，当 I0.0 常开触点第 3 次闭合时，C1 被置位，C1 常开触点闭合，Q0.1 通电，时序图如图 3-56 所示。

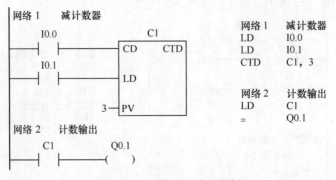

图 3-55　减计数器的应用举例

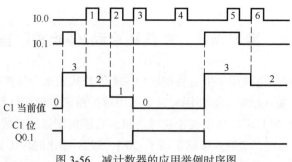

图 3-56 减计数器的应用举例时序图

3.6.3 增减计数器指令 CTUD

增减计数器有增计数和减计数两种计数方式，其计数方式由输入端所决定。

当达到最大值（+32 767）时，在增计数输入端的下一个上升沿将导致当前计数值变为最小值（-32 768）。当达到最小值（-32 768）时，在减计数输入端的下一个上升沿将导致当前计数值变为最大值（+32 767）。

在当前计数值≥设定值 PV 时，计数器被置位。当复位端 R 接通时，计数器被复位。

图 3-57 所示为增减计数器指令应用举例。I0.0 接增计数信号端，I0.1 接减计数信号端，I0.2 接复位端。在当前值≥4 时，C10 常开触点闭合，Q0.1 通电；在当前值小于 4 或 I0.2 接通时，计数器 C10 常开触点分断，Q0.1 断电。图 3-58 所示为其时序图。

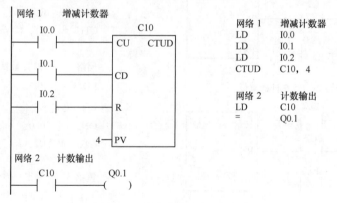

图 3-57 增减计数器应用举例

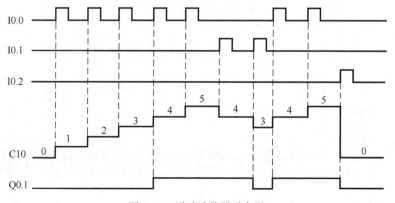

图 3-58 增减计数器时序图

3.6.4 实习操作：单按钮启动/停止控制程序

一般情况下，PLC控制电路用一个启动按钮和一个停止按钮来分别控制电动机运行和停止，但在输入信号数量多、输入端口不够使用时，也可用单按钮来实现运行和停止两种控制功能。单按钮用作启动/停止控制时不能使用红色或绿色钮，只能使用黑、白或灰色钮。设启动/停止共用按钮连接输入端子 I0.2，负载连接输出端子 Q0.1，输入/输出时序图如图 3-59 所示。

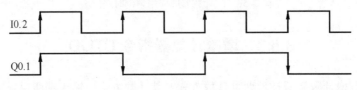

图 3-59 输入/输出时序图

控制程序如图 3-60 所示，设过载保护连接输入端子 I0.0。当第 1 次按下按钮时，计数器 C1、C2 当前计数值为 1，C1 常开触点闭合，Q0.1 通电；当第 2 次按下按钮时，C2 常开触点闭合，C1、C2 均被复位，Q0.1 断电。当发生过载故障时，Q0.1 断电。

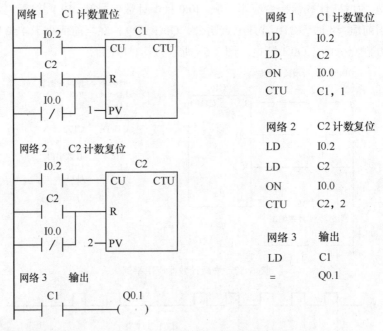

图 3-60 单按钮启动/停止控制程序

3.7
堆栈指令与Y-△形启动控制程序

堆栈指令用于处理具有两条以上的多分支程序。

3.7.1 进栈指令LPS、读栈指令LRD、出栈指令LPP

堆栈是PLC按照数据"先进后出"的原则保存位逻辑运算结果的存储器。在S7-200系列PLC中，有iv0~iv8九个堆栈单元，每个单元可以存储1位二进制数据，所以最多可以连续保存9个二进制数据。iv0既是栈顶单元（第1级单元），也是位逻辑运算器，LD、LDN、A、AN、O、ON等指令均在该单元进行位逻辑运算。堆栈指令的助记符、逻辑功能见表3-16。

表3-16 　　　　　　　　　　　　　　LPS、LRD、LPP指令

指令名称	助记符	逻 辑 功 能
进栈	LPS	各级数据依次下移到下一级单元；栈顶单元数据不变；第9级单元数据丢失
读栈	LRD	第2级单元的数据送入栈顶单元；各级数据位置不发生上移或下移
出栈	LPP	第2级单元的数据送入栈顶单元；其他各级数据依次上移到上一级

堆栈指令的使用说明如下。

（1）LPS、LPP指令必须在首尾支路成对使用，中间支路用LRD指令。进栈指令连续使用不能超过8次，否则数据溢出丢失。

（2）使用堆栈指令时，如果其后是单个触点，需用A或AN指令；如果其后是电路块，则在电路块的始点用LD或LDN指令，然后用与块指令ALD。

堆栈指令的执行过程如图3-61所示（X表示数值不确定）。

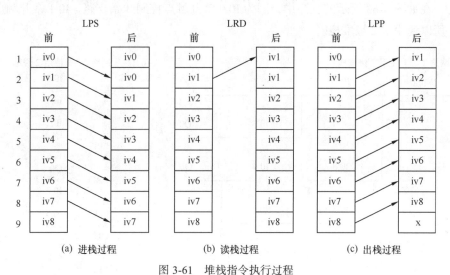

(a) 进栈过程 　　　　　　(b) 读栈过程 　　　　　　(c) 出栈过程

图3-61　堆栈指令执行过程

【例题3.12】　分析如图3-62所示的程序。

【解】　在如图3-62所示的程序中，因为I0.0常开触点控制Q0.1~Q0.5五条支路，所以I0.0要使用5次。因此，在"LD　I0.0"指令语句后先用LPS指令将I0.0的状态存入堆栈第2级单元，然后与I0.1的状态做"与"逻辑运算后控制Q0.1。

在3次执行读栈指令LRD后，第2级单元I0.0的状态与I0.2、I0.3、I0.4的状态分别做"与"逻辑运算后控制Q0.2、Q0.3、Q0.4。

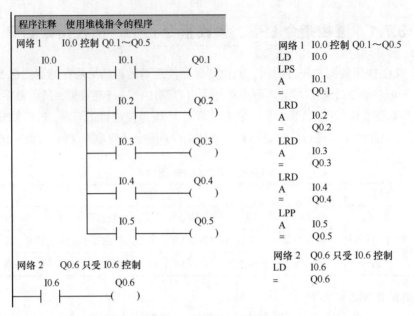

图 3-62　例题 3.12 程序

在 I0.0 的最后控制行，执行出栈指令 LPP，第 2 级单元数据（I0.0 状态）上移栈顶单元与 I0.5 的状态做"与"逻辑运算后控制 Q0.5。

【例题 3.13】　分析如图 3-63 所示的程序。

【解】　在如图 3-63 所示的程序中，因为 I0.0 常开触点控制 3 条支路，I0.1 常开触点控制 2 条支路，所以使用了 2 级堆栈。

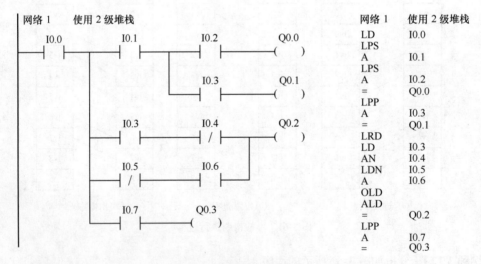

图 3-63　例题 3.13 程序

"LD　I0.0"指令语句后用进栈指令 LPS 将 I0.0 的状态存入堆栈第 2 级单元。

（1）在 I0.0 常开触点控制的第 1 条支路中。栈顶单元数据（I0.0 状态）与 I0.1 的状态串联运算后再次用进栈指令 LPS 将运算结果存入堆栈第 2 级单元保存；同时原第 2 级单元数据（I0.0 状态）保存到第 3 级单元。

栈顶单元数据（I0.0 与 I0.1 串联逻辑）与 I0.2 串联后控制 Q0.0。

执行 LPP 出栈指令，第 2 级单元数据（I0.0 与 I0.1 串联逻辑）被读入栈顶单元，与 I0.3 串联后控制 Q0.1；同时原第 3 级单元数据（I0.0 状态）上移到第 2 级单元保存。

（2）在 I0.0 常开触点控制的第 2 条支路中。执行 LRD 读栈指令，第 2 级单元数据（I0.0 状态）被读入栈顶单元，因为 I0.0 与 I0.3～I0.6 组成的电路块串联，所以执行"与块"指令 ALD 后控制 Q0.2。

（3）在 I0.0 常开触点控制的第 3 条支路中。执行 LPP 出栈指令，第 2 级单元数据（I0.0 状态）上移到栈顶单元，因为 I0.0 与 I0.7 串联，所以执行"串联"指令 A 后控制 Q0.3。

3.7.2 实习操作：电动机 Y-△形降压启动控制电路与程序

控制要求如下：当按下启动按钮 SB2 时，电动机Y形连接启动，6s 后自动转为△形连接运转。当按下停止按钮 SB1 时，电动机停止。

1. 电动机 Y-△形降压启动控制电路

电动机Y-△形降压启动控制电路如图 3-64 所示。

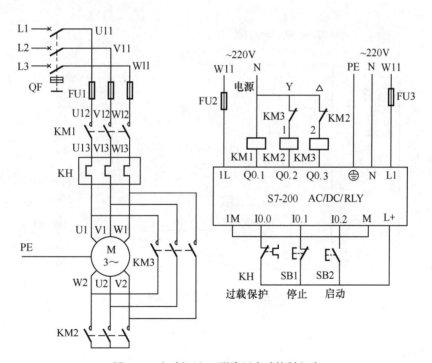

图 3-64　电动机Y-△形降压启动控制电路

2. 电动机 Y-△形降压启动控制电路输入/输出端口分配

电动机Y-△形降压启动控制电路输入/输出端口分配见表 3-17。

表 3-17　　　　　　　　　　　　　　　　输入/输出端口分配表

输　入　端　口			输　出　端　口		
输入继电器	输入元件	作用	输出继电器	输出元件	作用
I0.0	KH 常闭触点	过载保护	Q0.1	接触器 KM1	电源接触器
I0.1	SB1 常闭触点	停止按钮	Q0.2	接触器 KM2	Y 形启动
I0.2	SB2 常开触点	启动按钮	Q0.3	接触器 KM3	△形运行

3. 电动机 Y-△形降压启动控制程序

电动机 Y-△形降压启动控制程序如图 3-65 所示，程序工作原理如下。

（1）Y 形启动。当按下启动按钮 I0.2 时，Q0.1 通电自锁，Q0.2 和 T40 通电，电动机 Y 形启动。因为程序是自上而下扫描的，所以 Q0.2 的常闭触点分断，联锁 Q0.3 不能通电。

（2）△形运行。当定时器 T40 延时时间到，T40 常闭触点分断，Q0.2 断电；Q0.2 解除对 Q0.3 的联锁，Q0.3 通电，电动机△形运转。

（3）停止。当按下停止按钮时，Q0.1 断电解除自锁，并联锁 Q0.2 和 Q0.3 断电，电动机停止。

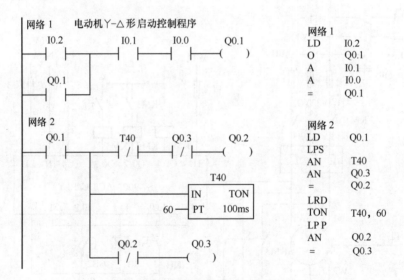

图 3-65　电动机 Y-△形降压启动控制程序

4. 操作步骤

（1）按图 3-64 所示连接电动机 Y-△形降压启动控制电路。

（2）将图 3-65 所示控制程序下载 PLC。

（3）PLC 上输入指示灯 I0.0、I0.1 应亮，表示热继电器和停止按钮连线正常。

（4）当按下启动按钮 SB2 时，电动机 Y 形启动，6s 后自动转为△形运行。当按下停止按钮 SB1 时，电动机停止。

练习题

1. 指令 LD 与 LDN 有什么异同？

2. 如何连接 PC/PPI 通信电缆？

3. 在 PLC 用户程序中，输入指令有哪几种方法？

4. 如何下载 PLC 用户程序？

5. PLC 输入电路接通时，对应的输入继电器为_____状态，梯形图中对应的常开触点_____，常闭触点_____。

6. 若梯形图中输出继电器 Q 线圈通电，其常开触点_____，常闭触点_____，对应的物理继电器的线圈_____，其常开触点_____。

7. 将按钮 SB 连接输入继电器 I0.0，指示灯 HL 连接输出继电器 Q0.0，控制要求如下：当按下 SB 时，HL 灯亮；当松开 SB 时，HL 灯灭。

（1）绘出控制电路图。

（2）设计程序梯形图和指令表。

8. 简单说明 PLC 指令 A 与 AN，指令 O 与 ON 之间的区别。

9. 用置位、复位指令编写三相异步电动机自锁控制程序（热继电器和停止按钮使用物理常闭触点）。

10. 写出如题图 3-1 所示程序梯形图的指令表，指出程序各网络中的启动触点、停止触点、自锁触点和联锁触点的地址。

11. 设计 3 人参加的智力竞赛抢答器控制程序。控制要求如下：主持人按下开始按钮后进行抢答，先按下抢答按钮者相应的指示灯亮，同时联锁其他参赛者的抢答无效，只有主持人按下停止按钮时才能将状态复位。

（1）写出输入/输出端口分配表。

（2）绘出控制电路图。

（3）设计程序梯形图。

12. 简单说明指令 A 与 ALD，指令 O 与 OLD 之间的区别。

13. 为什么 PLC 的程序梯形图要符合"上重下轻""左重右轻"的编程规则？

14. 绘出与题图 3-2 所示程序指令表对应的程序梯形图。

15. 设计具有自锁和点动控制功能的程序梯形图。要求有启动、停止和点动 3 个按钮，Q0.0 为输出端（热继电器和停止按钮使用物理常闭触点）。

16. 有两台电动机，控制要求为：两台电动机有单独的启动/停止按钮；第 1 台电动机不启动，第 2 台电动机不能启动；第 1 台电动机停止时，第 2 台电动机也停止。试绘出控制电路图和设计程序梯形图（热继电器和停止按钮使用物理常闭触点）。

17. 简述定时器 T 的分类和用途。

18. 接通延时定时器 TON 的输入端 IN_____时开始计时，当前值≥设定值时其常开触点_____，常闭触点_____。

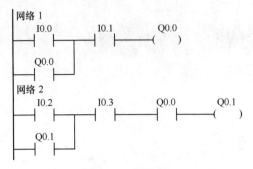

网络1
LD   I0.0
AN   I0.1
LD   Q0.0
AN   I0.3
OLD
AN   I0.2
=   Q0.0

网络1
LD   I0.0
O   Q0.0
A   I0.1
LDN   I0.2
A   I0.3
LD   I0.4
A   I0.5
OLD
ALD
=   Q0.0

(a) 指令表   (b) 指令表

题图 3-1 练习题 10   题图 3-2 练习题 14

19. 断电延时定时器 TOF 的输入端（IN）接通时，其常开触点_____，常闭触点_____。输入端（IN）断电时开始_____，当前值等于设定值时其常开触点_____，常闭触点_____。

20. 某设备有两台电动机 M1、M2，控制要求如下：当按下启动按钮时，M1 启动；20s 后 M2 启动；M2 启动 1min 后 M1 和 M2 自动停止；若按下停止按钮，两台电动机立即停止（热继电器和停止按钮使用物理常闭触点）。

（1）写出输入/输出端口分配表。

（2）绘出 PLC 控制电路图。

（3）设计控制程序。

21. 简述计数器 C 的分类和用途。

22. 若增计数器的计数输入端 CU_____，计数器的当前值加 1。当前值≥设定值 PV 时，其常开触点_____，常闭触点_____。复位输入电路_____时计数器被复位，复位后当前值为_____，其常开触点_____，常闭触点_____。

23. 设计一个单按钮控制电动机启动/停止的程序。按钮 SB 连接输入继电器 I1.0，接触器 KM 连接输出继电器 Q0.6。

24. 某台设备的冷却风机和主电动机分别受接触器 KM1、KM2（连接 Q0.1、Q0.2）控制。控制要求如下：只有先启动冷却风机 30s 后，才能启动主电动机；主电动机停止 5min 后，才能手动停止冷却风机；如果发生过载，则两台电动机均自动停止（热继电器和停止按钮使用物理常闭触点）。

（1）写出输入/输出端口分配表。

（2）绘出 PLC 控制电路图。

（3）设计控制程序。

25. 填空题

（1）栈顶单元是堆栈存储器的第_____级单元，也是_____逻辑运算器。

（2）执行 LPS 指令后，栈顶单元数据下移到第_____级单元。

（3）执行 LRD 指令后，第_____级单元数据复制到栈顶单元。

（4）执行 LPP 指令后，第_____级单元数据上移到栈顶单元。

（5）执行 LPS 指令后，第 3 级单元数据移动到第_____级单元。

（6）执行 LRD 指令后，第 3 级单元数据移动到第_____级单元。

（7）执行 LPP 指令后，第 3 级单元数据移动到第_____级单元。

26. 写出与题图 3-3 所示程序梯形图对应的指令表。

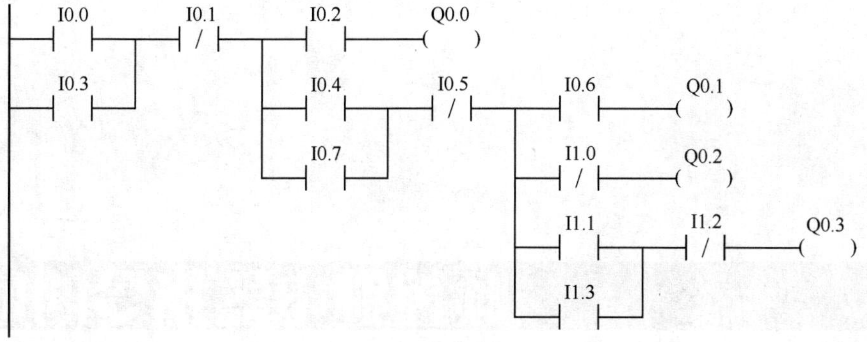

题图 3-3　练习题 26

27. 设计用 PLC 控制的电动机 Y-△ 形降压启动电路。

（1）有必要的保护措施。

（2）写出输入/输出端口分配表。

（3）绘出 PLC 控制电路图。

（4）设计控制程序。

第4章

顺控继电器指令的应用

生产设备的各种机械动作都是按照生产工艺的要求有次序地进行。S7-200 系列 PLC 的顺控继电器指令专门用于编写顺序控制程序，顺控继电器指令将一个复杂的工作流程分解为若干个简单的工序，然后对每一个工序分别编程，从而使得程序结构清晰，编程和调试相对简单。

4.1 单流程控制

单流程控制就是每一个工序（或状态）后仅有一个转移方向，它的结构是最简单的。本节通过电动机Y-△形降压启动控制的例子，介绍如何用顺控继电器指令编写单流程控制程序。

4.1.1 顺控继电器指令 LSCR、SCRT、SCRE

S7-200 中的顺控继电器指令 LSCR、SCRT、SCRE 的属性见表 4-1。

表 4-1   顺控继电器指令

梯 形 图	指 令 表	功 能	操作对象
bit SCR	LSCR S-bit	顺控继电器指令指定的状态开始	S（位）
bit —(SCRT)	SCRT S-bit	转移到指定的状态	S（位）
⊢—(SCRE)	SCRE	顺控继电器指令指定的状态结束	无

顺控继电器指令说明如下。

（1）顺控继电器是 S7-200 的一个存储区，用"S"表示，共 256 位，采用八进制（S0.0～S0.7，...，S31.0～S31.7）。

（2）顺控继电器开始指令 LSCR 表示一个状态的开始，顺控继电器结束指令 SCRE 表示一个状态的结束。

（3）顺控继电器转移指令 SCRT 用来表示状态的转移。当转移条件满足时，SCRT 指令中指定的状态即变为活动状态，同时当前活动状态自动转为非活动状态。

4.1.2 电动机 Y-△形降压启动控制电路与程序

1. 控制要求及 PLC 输入/输出端口分配表

当按下启动按钮 SB2 时，电动机 Y 形连接启动，延时 6s 后自动转为△形连接运转。当按下停止按钮 SB1 时，电动机停止。PLC 输入/输出端口分配见表 4-2。

表 4-2 输入/输出端口分配表

输入端口			输出端口		
输入继电器	输入元件	作用	输出继电器	输出元件	作用
I0.0	KH 常闭触点	过载保护	Q0.1	KM1	电源接触器
I0.1	SB1 常闭触点	停止按钮	Q0.2	KM2	Y 形接触器
I0.2	SB2 常开触点	启动按钮	Q0.3	KM3	△形接触器

2. 电动机 Y-△形降压启动控制电路

电动机 Y-△形降压启动控制电路如图 4-1 所示。

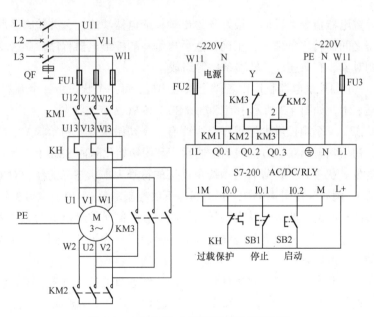

图 4-1 电动机 Y-△形降压启动控制电路

3. 工序图

工序图是将一个生产过程按工艺流程分解排列的图形，它是一种通用的技术语言。电动机 Y-△形降压启动的工序图如图 4-2 所示。从工序图可以看出，电动机的启动过程被分成若干个工序，各工序之间的转移需要满足特定的条件（按钮指令或延时时间）。

4. 顺控继电器功能图

由图 4-2 所示的工序图可以方便地转换成顺控继电器功能图，如图 4-3 所示。例如，"准备"对应着初始状态 S0.0，"丫形启动"对应状态 S0.1，"△形运转"对应状态 S0.2。

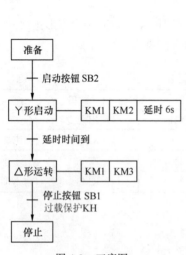

图 4-2　工序图

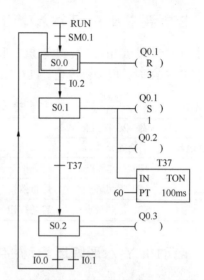

图 4-3　顺控继电器功能图

在应用顺控继电器指令编程前，最好先绘出顺控继电器功能图，并检查各状态是否符合工艺流程，各状态之间的转移条件是否正确，然后再编写顺控继电器程序。顺控继电器功能图主要由状态、控制对象、有向连线、转移条件等组成。

（1）状态。一个顺控继电器程序由若干个状态构成，每一个状态由一个顺控继电器来控制。状态符号用方框表示，如图 4-3 所示中有 S0.0、S0.1 和 S0.2 三个状态。

（2）初始状态。一个顺控继电器程序至少要有一个初始状态，初始状态对应顺控继电器程序运行的起点。初始状态用双线方框表示。通常，利用初始化脉冲 SM0.1 进入初始状态。

（3）控制对象。状态方框符号右边用线条连接的符号为本状态下的控制对象（允许某些状态中无控制对象）。例如，在图 4-3 中，S0.1 状态下的控制对象有 Q0.1、Q0.2 和 T37。

（4）有向连线。有向连线表示状态的转移方向。在绘制顺控继电器功能图时，将代表各状态的方框按先后顺序排列，并用有向连线将它们连接起来。表示从上到下或从左到右这两个方向的有向连线的箭头可以省略。

（5）转移条件。状态之间的转移条件用与有向连线垂直的短画线来表示，转移条件标注在短画线的旁边。例如，在图 4-3 中，当 I0.2 触点接通时，满足了转移条件，由状态 S0.0 转移到状态 S0.1。

（6）活动状态与非活动状态。当顺控继电器置位时，该状态便处于活动状态，相应的控制对象通电；当顺控继电器复位时，该状态便处于非活动状态，非保持型输出被停止，而保持型输出不变。例如，在图 4-3 中，当 S0.1 为活动状态时 Q0.1 置位通电，Q0.2 输出通电；当 S0.1 为非活动状态时，Q0.1 仍保持通电，Q0.2 则断电。

5. Ｙ-△形降压启动控制程序

根据如图 4-3 所示顺控继电器功能图编写的电动机Ｙ-△形降压启动控制程序如图 4-4 所示。由于 Q0.1 在 S0.1 和 S0.2 状态中都要通电，因此在 S0.1 状态中使用置位指令将 Q0.1 置"1"，这样，当 S0.2 为活动状态时，Q0.1 仍将保持通电状态不变。而 Q0.2 和 Q0.3 则使用非保持型的输出线圈指令，当 Q0.2 和 Q0.3 处于非活动状态下时，Q0.2 和 Q0.3 自动断电。

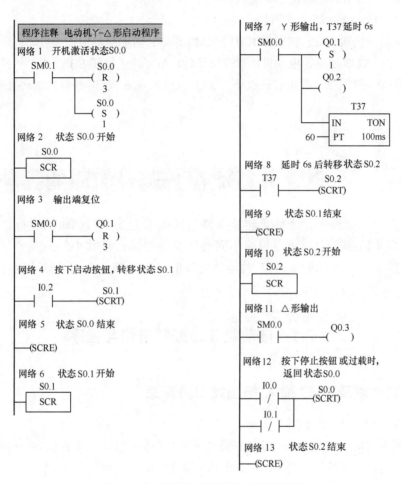

图 4-4　电动机Ｙ-△形降压启动控制程序

程序原理如下。

（1）程序网络 1，初始化脉冲 SM0.1 先复位 S0.0～S0.2，然后置位初始状态 S0.0。

（2）程序网络 3，输出继电器 Q0.1～Q0.3 全部复位。

（3）程序网络 4，当按下启动按钮 I0.2 时，转移到状态 S0.1。S0.1 置位，S0.0 复位。

（4）程序网络 7，Q0.1 置位，Q0.2 通电，电动机绕组 Y 形连接启动，T37 延时。

（5）程序网络 8，T37 延时 6s 后，转移到状态 S0.2。S0.2 置位，S0.1 复位，Q0.2 断电。

（6）程序网络 11，Q0.1 保持通电，Q0.3 通电，电动机绕组△形连接运转。

（7）程序网络 12，当按下停止按钮或过载保护动作时，转移到初始状态 S0.0，在程序网络 3，Q0.1～Q0.3 全部复位。

4.1.3　实习操作：电动机 Y-△形降压启动控制

电动机 Y-△形降压启动控制操作步骤如下。

（1）按图 4-1 所示电路连接电动机 Y-△形降压启动控制电路。

（2）将图 4-4 所示的控制程序下载到 PLC。

（3）PLC 上输入指示灯 I0.0 和 I0.1 应亮。

（4）按下启动按钮 SB2，接触器 KM1、KM2 通电，电动机 Y 形连接启动；延时 6s 后，接触器 KM2 断电，KM3 通电，电动机△形连接运转。按下停止按钮 SB1，电动机停止工作。

（5）断开 I0.0 接线端，模拟过载故障，Q0.1、Q0.2、Q0.3 同时断电，电动机停止工作。

4.2 | 并行流程与选择流程的控制

在程序多分支结构中，当满足转移条件后使多个分支流程同时被执行，称为并行流程控制；有多个转移方向，可以根据不同的转移条件来选择其中的某一个分支流程，称为选择流程控制。本节以电动机 3 种运转速度的控制为例，介绍并行流程与选择流程的程序控制。

4.2.1　电动机 3 速控制电路与程序

1.　控制要求及 PLC 输入/输出端口分配表

电动机 3 速控制的要求如下。

（1）当按下启动/调速按钮时，电动机逐级升速，即低速状态→中速状态→高速状态。

（2）在高速状态下按下启动按钮时，电动机降速，即高速状态→中速状态。

（3）在任何状态下按下停止按钮时，电动机停止工作。

PLC 输入/输出端口的分配见表 4-3。

表 4-3　　　　　　　　　　　　　　输入/输出端口分配表

输入端口			输出端口		
输入继电器	输入元件	作用	输出继电器	输出元件	控制对象
I0.1	SB1 常闭触点	停止	Q0.1	继电器 KA1	变频器低速控制端
I0.2	SB2 常开触点	启动/调速	Q0.2	继电器 KA2	变频器中速控制端
			Q0.3	继电器 KA3	变频器高速控制端

2. 电动机 3 速控制电路

电动机的转速受变频器控制，控制电路如图 4-5 所示，中间继电器 KA1、KA2 和 KA3 的常开触点分别控制变频器的低速、中速和高速控制端（变频器电路略去）。

3. 电动机 3 速顺控继电器功能图

电动机 3 速顺控继电器功能图如图 4-6 所示。初始化脉冲 SM0.1 满足并行流程的转移条件，使 PLC 运行时 S0.0 和 S0.1 同时为活动状态。S0.1 为单流程，S0.2、S0.3 和 S0.4 均为选择流程。例如，在 S0.2 状态中，当按下启动/调速按钮时，转移至 S0.3 状态；当按下停止按钮时，转移至 S0.1 状态。同理，可以分析状态 S0.3 和 S0.4 的转移方向。

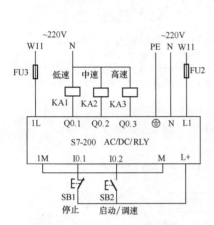

图 4-5　电动机 3 速控制电路

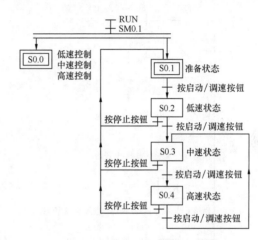

图 4-6　电动机 3 速顺控继电器功能图

4. 电动机 3 速控制程序

电动机的 3 速顺控继电器程序如图 4-7 所示。

程序原理如下。

（1）在网络 1 中，初始化脉冲 SM0.1 使 S0.0、S0.1 置位，即 S0.0 和 S0.1 同时为活动状态。

（2）在网络 3 中，当 S0.2、S0.3 和 S0.4 分别为活动状态时其常开触点闭合，输出继电器 Q0.1、Q0.2 和 Q0.3 分别通电，控制继电器 KA1、KA2 和 KA3 分别接通变频器的低速、中速和高速控制端。由于状态 S0.0 没有转移条件和转移方向，所以 S0.0 始终为活动状态。

（3）在网络 6 中，当按下启动/调速按钮时，I0.2 触点闭合，转移到状态 S0.2（低速）。

（4）在网络 10 中，当按下启动/调速按钮时，转移到状态 S0.3（中速）；在网络 11 中，当按下停止按钮时，I0.1 触点闭合，转移到状态 S0.1（准备）。

（5）在网络 15 中，当按下启动/调速按钮时，转移到状态 S0.4（高速）；在网络 16 中，当按下停止按钮时，转移到状态 S0.1（准备）。

（6）在网络 20 中，当按下启动/调速按钮时，转移到状态 S0.3（中速）；在网络 21 中，当按下停止按钮时，转移到 S0.1 状态（准备）。

由于启动/调速按钮 I0.2 在多个状态中充当转移条件，所以在程序中设定了延时 1s 的定时器 T37、T38 和 T39，从而限制程序不能连续转移。

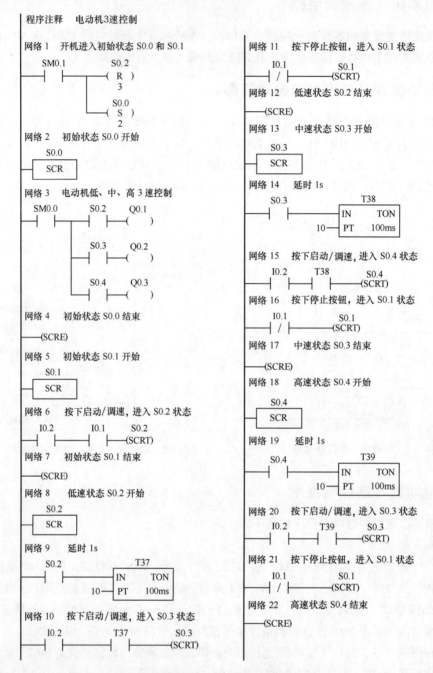

程序注释 电动机3速控制

网络 1 开机进入初始状态 S0.0 和 S0.1

网络 2 初始状态 S0.0 开始

网络 3 电动机低、中、高 3 速控制

网络 4 初始状态 S0.0 结束

网络 5 初始状态 S0.1 开始

网络 6 按下启动/调速，进入 S0.2 状态

网络 7 初始状态 S0.1 结束

网络 8 低速状态 S0.2 开始

网络 9 延时 1s

网络 10 按下启动/调速，进入 S0.3 状态

网络 11 按下停止按钮，进入 S0.1 状态

网络 12 低速状态 S0.2 结束

网络 13 中速状态 S0.3 开始

网络 14 延时 1s

网络 15 按下启动/调速，进入 S0.4 状态

网络 16 按下停止按钮，进入 S0.1 状态

网络 17 中速状态 S0.3 结束

网络 18 高速状态 S0.4 开始

网络 19 延时 1s

网络 20 按下启动/调速，进入 S0.3 状态

网络 21 按下停止按钮，进入 S0.1 状态

网络 22 高速状态 S0.4 结束

图 4-7 电动机 3 速控制程序

4.2.2 实习操作：电动机 3 速控制

电动机低速、中速和高速控制操作步骤如下。

（1）按图 4-5 所示连接电动机 3 速控制电路。

（2）将图 4-7 所示控制程序下载到 PLC。

（3）PLC 上输入指示灯 I0.1 应亮。

（4）当第 1 次按下启动/调速按钮时，电动机低速继电器 KA1 通电；第 2 次按下启动/调速按钮时，电动机中速继电器 KA2 通电；第 3 次按下启动/调速按钮，电动机高速继电器 KA3 通电；第 4 次按下启动/调速按钮时，电动机中速继电器 KA2 通电。

（5）无论在何种状态下按下停止按钮，KA1、KA2、KA3 均断电。

练习题

1. 什么是顺控继电器功能图？顺控继电器功能图包括几个方面？

2. 什么是单流程的顺序控制？

3. 什么是并行流程的顺序控制？

4. 什么是选择流程的顺序控制？

5. 在如图 4-7 所示的电动机 3 速控制程序中去掉定时器 T37、T38 和 T39 后还能满足控制要求吗？为什么？

6. 有 3 台电动机，控制要求如下。

（1）当按下启动按钮时，M1 启动；5min 后，M2 启动；再过 3 min 后，M3 启动。

（2）当按下停止按钮时，M3 停止；4min 后，M2 停止；再过 2 min 后，M1 停止。试设计顺控继电器功能图和顺控继电器程序。

第5章

功能指令的应用

功能指令是 PLC 制造商为满足用户的特殊要求而开发的专用指令。应用功能指令，不仅大大提升了 PLC 的控制能力，而且降低了编写程序的难度，有效地提高了编程效率。

常用功能指令的类型及用途有以下几种。

（1）数据处理类指令。含传送、比较、整数计算、逻辑运算、数码转换等指令，用于各种运算控制。

（2）程序控制类指令。含跳转、子程序、中断、循环、条件结束与程序停止、看门狗复位等指令，用于程序结构及流程控制。

（3）移位指令。含左移、右移等指令，用于具有规律性变化特点的控制程序。

（4）特殊功能类指令。含时钟、高速计数器、高速脉冲输出、模拟量控制等指令，用于实现某些特殊功能。

（5）外部设备类指令。含输入输出接口设备指令及通信指令等，用于 PLC 设备间的数据交换。

5.1 | 变量存储器与数据类型

5.1.1 输入继电器地址

S7-200 将数据存于不同的存储器单元，每个单元都有唯一的地址，若要进行存取数据，则必须指定存储器的单元地址。输入继电器地址见表 5-1。

表 5-1　　　　　　　　　　　　　　输入继电器地址

位	I0.0～I0.7，I1.0～I1.7，...，I15.0～I15.7	128 点
字节	IB0，IB1，...，IB15	16 个
字	IW0，IW2，...，IW14	8 个
双字	ID0，ID4，ID8，ID12	4 个

输入继电器地址说明如下。

（1）位。位是存储器的最小单位，1个位可以存储1个二进制数据，位表示格式为：存储器标识符［字节地址］.［位地址］。例如，I3.4表示输入继电器第3个字节的第4位，如图5-1所示。

（2）字节。字节是存储器的基本单位，每个字节由0～7八个位元件构成。例如，字节IB0由位元件I0.0～I0.7构成，如图5-2所示。

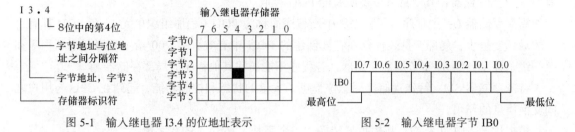

图 5-1　输入继电器 I3.4 的位地址表示 　　　　 图 5-2　输入继电器字节 IB0

（3）字。字表示格式为：IW［起始字节地址］。1个字包含2个字节，这2个字节的地址必须连续，并且字节组合时，遵循高地址、低字节的规律。例如，字IW0中IB0是高字节，IB1是低字节，如图5-3所示。每个字有16个位元件。

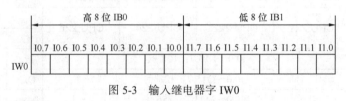

图 5-3　输入继电器字 IW0

（4）双字。双字表示格式为：ID[起始字节地址]。1个双字含2个字或4个字节，这4个字节的地址必须连续。如ID0中IB0是最高8位，IB1是高8位，IB2是低8位，IB3是最低8位，如图5-4所示。每个双字有32个位元件。

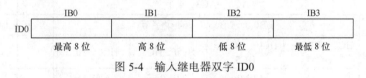

图 5-4　输入继电器双字 ID0

5.1.2　CPU 变量存储区

输入过程映像寄存器 I：在每个扫描周期的开始，CPU对物理输入点进行采样，并将采样值写入输入映像寄存器内。

输出过程映像寄存器 Q：在每个扫描周期的结尾，CPU将输出映像寄存器中的数值复制到输出端口物理继电器。

位存储区 M：M可以作为控制继电器来存储中间操作状态和控制信息。

顺控继电器存储器 S：S用于提供控制程序的逻辑分段。

定时器存储区 T：定时器用于时间累计，定时器的当前值寄存器可以保存16位有符号整数，用来存储定时器所累计的时间。

计数器存储区 C、HC：计数器用于累计其输入端脉冲电平由低到高的次数。计数器C的当前值寄存器为 16 位有符号整数；高速计数器 HC 的当前值寄存器为 32 位有符号整数。

　　累加器 AC：累加器是可以像存储器一样使用的读写单元，可以按字节、字或双字的格式来存取累加器中的数据。存取的数据长度由所应用的指令决定，当以字节或字的格式存取累加器时，使用的是低 8 位或低 16 位，当以双字的格式存取累加器时，使用全部 32 位。

　　变量存储器 V：用于存储程序执行过程中控制逻辑操作的中间结果和运算数据。变量存储器 V 是全局存储器，其变量可以被所有的 POU 存取。

　　局部存储器 L：主程序、子程序和中断程序简称为 POU（程序组织单元），各 POU 都有自己的局部变量表，局部变量表仅仅在它被创建的 POU 中有效。S7-200 给主程序、中断程序和每一级子程序分配 64 字节局部存储器，各程序不能访问其他程序的局部存储器。

　　特殊存储器 SM：特殊存储器标志位提供了大量的状态和控制功能，起到在 CPU 与用户之间交换信息的作用。

　　模拟量输入映像区 AI：将模拟量转换为一个字长（16 位）的数字量。

　　模拟量输出映像区 AQ：将一个字长（16 位）的数字值按比例转换为电流或电压。

　　CPU 变量存储区地址范围与存取格式见表 5-2。

表 5-2　　　　　　　　　　CPU 变量存储区地址范围与存取格式

变量存储区	CPU 221	CPU 222	CPU 224	CPU 226	存取格式			
					位	字节	字	双字
输入映像寄存器	I0.0～I 15.7，128 点				Ix.y	IBx	IWx	IDx
输出映像寄存器	Q0.0～Q15.7，128 点				Qx.y	QBx	QWx	QDx
位存储器	M0.0～M31.7，256 位				Mx.y	MBx	MWx	MDx
顺控继电器	S0.0～S31.7，256 位				Sx.y	SBx	SWx	SDx
定时器	T0～T255，256 个				Tx		Tx	
计数器	C0～C255，256 个				Cx		Cx	
累加器	AC0～AC3，4 个					ACx	ACx	ACx
局部存储器	LB0.0～LB63.7，64 个字节				Lx.y	LBx	LWx	LDx
高速计数器	HC0、HC3～HC5	HC0、HC3～HC5	HC0～HC5	HC0～HC5				HCx
模拟量输入	AIW0～AIW30	AIW0～AIW62	AIW0～AIW62				AIWx	
模拟量输出	AQW0～AQW30	AQW0～AQW62	AQW0～AQW62				AQWx	
变量存储器	VB0～VB2047	VB0～VB2047	VB0～VB8191	VB0～VB10239	Vx.y	VBx	VWx	VDx
特殊存储器	SM0.0～SM179.7	SM0.0～SM299.7	SM0.0～SM549.7	SM0.0～SM549.7	SMx.y	SMBx	SMWx	SMDx

5.1.3　数据类型

1. 数据格式和取值范围

S7-200 的数据格式和取值范围见表 5-3。

表 5-3   数据格式和取值范围

数据格式	数据长度	数据类型	取值范围
位 BOOL	1 位	布尔数	ON（1）；OFF（0）
字节 BYTE	8 位	无符号整数	0～255；16#0～FF
整数 INT	16 位	有符号整数	−32 768～+32 767；16#8000～7FFF
字 WORD	16 位	无符号整数	0～65 535；16#0～FFFF
双整数 DINT	32 位	有符号整数	−2 147 483 648～+2 147 483 647；16#8000 0000～7FFF FFFF
双字 DWORD	32 位	无符号整数	0～4 294 967 295；16#0～FFFF FFFF

2. 常数的输入格式

各类变量存储器均以二进制格式存储数据，但在编程软件中输入常数时可以使用二进制、十进制或十六进制格式，表 5-4 给出了输入常数的例子。

表 5-4   输入常数举例

数　制	输　入　格　式	举　　例
十进制正数	+［十进制值］	+2015 或 2015
十进制负数	−［十进制值］	−2
二进制	2#［二进制值］	2#01010011
十六进制	16#［十六进制值］	16#B3

5.2 数据传送指令及应用

数据传送指令主要用于各存储单元之间的数据传送，同时具有位控功能。

5.2.1 数据传送指令 MOV

数据传送指令包括字节传送、字传送和双字传送，其指令格式见表 5-5。

表 5-5   数据传送指令

项　　目	字 节 传 送	字 传 送	双 字 传 送
梯形图	MOV_B EN　ENO IN　OUT	MOV_W EN　ENO IN　OUT	MOV_DW EN　ENO IN　OUT
指令表	MOVB　IN, OUT	MOVW　IN, OUT	MOVD　IN, OUT

数据传送指令说明如下。

（1）数据传送指令的梯形图使用指令盒形式。指令盒由操作码 MOV，数据类型（B/W/DW），使能输入端 EN，使能输出端 ENO，源操作数 IN 和目标操作数 OUT 构成。

（2）ENO 可作为下一个指令盒 EN 的输入，即几个指令盒可以串联在一行，只有前一个指令盒被正确执行时，后一个指令盒才能执行。

（3）数据传送指令的原理。当 EN = 1 时，执行数据传送指令，把源操作数 IN 传送到目标操作数 OUT 中。数据传送指令执行后，源操作数的数据不变，目标操作数的数据刷新。

5.2.2　数据传送指令应用举例

【例题 **5.1**】　设有 8 盏指示灯，控制要求是：当 I0.0 接通时，全部灯亮；当 I0.1 接通时，奇数灯亮；当 I0.2 接通时，偶数灯亮；当 I0.3 接通时，全部灯灭。试设计电路和用数据传送指令编写程序。

【解】　控制电路如图 5-5 所示。

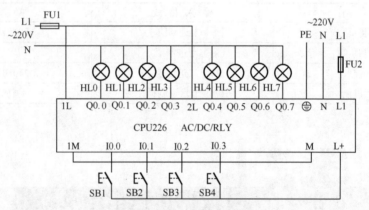

图 5-5　例题 5.1 控制电路图

根据控制要求列出控制关系见表 5-6，"●"表示灯亮，空格表示灯灭。因为灯的亮、灭状态表示了该位电平的高、低，所以可以用十六进制数据来表示输出继电器字节 QB0 的状态。控制程序如图 5-6 所示，由于灭灯优先权最高，所以在程序网络 4 中不使用脉冲指令 EU。

表 5-6　　　　　　　　　　　　　　例题 5.1 控制关系表

输入继电器	输出继电器位								输出继电器字节
	Q0.7	Q0.6	Q0.5	Q0.4	Q0.3	Q0.2	Q0.1	Q0.0	QB0
I0.0	●	●	●	●	●	●	●	●	16#FF
I0.1	●		●		●		●		16#AA
I0.2		●		●		●		●	16#55
I0.3									0

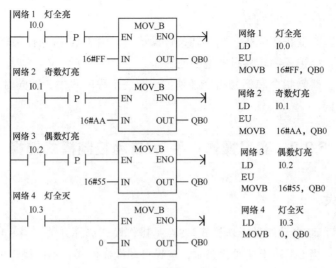

图 5-6　例题 5.1 程序

5.3

跳转指令及应用

　　跳转指令可用来选择执行指定的程序段,跳过暂时不需要执行的程序段。例如, 在调试生产设备时, 要手动操作方式;在生产时, 则要自动操作方式。这就需要在程序中编写两段程序,一段程序用于调试工艺参数,另一段程序用于生产控制。

　　应用跳转指令的程序结构如图 5-7 所示。I0.3 是手动/自动控制模式选择信号输入端。当 I0.3 未接通时,执行手动程序段,反之执行自动程序段。I0.3 的常开/常闭触点起联锁作用,使手动、自动两个程序段只能选择其一。

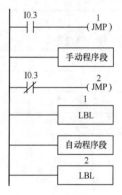

图 5-7　跳转指令程序结构

5.3.1　跳转指令 JMP、标号指令 LBL

跳转指令属于程序控制类指令,跳转指令 JMP、标号指令 LBL 的指令格式见表 5-7。

表 5-7　　　　　　　　　　　　　　跳转指令与标号指令

项　目	跳 转 指 令	标 号 指 令
梯形图	N — (JMP)	N LBL
指令表	JMP　N	LBL　N
数据范围	N: 0～255	

跳转指令与标号指令说明如下。

（1）跳转指令：改变程序流程，当跳转条件满足时，由 JMP 指令控制转至程序标号 N 处。

（2）标号指令：标记程序转移目的地的地址。

（3）注意事项：跳转指令和标号指令必须位于同一个程序块中，即同时位于主程序（或子程序或中断程序）内。

5.3.2 实习操作：手动/自动控制模式选择

1. 控制要求

某台设备具有手动/自动两种操作模式。SA 是操作模式选择开关，当 SA 处于断开状态时，选择手动操作模式；当 SA 处于接通状态时，选择自动操作模式，不同操作模式的进程如下。

（1）手动操作模式。按下启动按钮 SB2，电动机运转；按下停止按钮 SB1，电动机停止。

（2）自动操作模式。按下启动按钮 SB2，电动机连续运转 60s 后，自动停止。按下停止按钮 SB1，电动机立即停止。

2. 手动/自动选择控制电路

手动/自动选择控制电路如图 5-8 所示，输入/输出端口分配见表 5-8。

表 5-8   输入/输出端口分配表

输 入 端 口			输 出 端 口	
输入继电器	输入元件	作用	输出继电器	输出元件
I0.0	KH 常闭触点	过载保护	Q0.0	接触器 KM
I0.1	SB1 常闭触点	停止按钮		
I0.2	SB2 常开触点	启动按钮		
I0.3	SA 拨动开关	手动/自动模式选择		

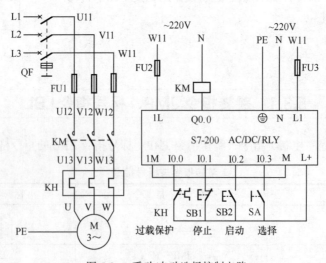

图 5-8　手动/自动选择控制电路

3. 程序梯形图和指令表

程序梯形图和指令表如图 5-9 所示。

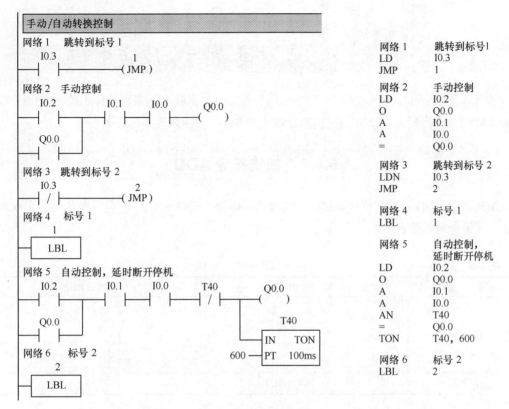

图 5-9　手动/自动选择程序梯形图和指令表

在程序中，由于手动/自动程序段不能同时被执行，所以程序中的线圈 Q0.0 不能视为双线圈。

程序工作原理如下。

（1）手动控制模式：当 SA 处于断开状态时，I0.3 常开触点分断，不执行"JMP　1"指令，而从网络 2 顺序执行手动控制程序段。此时，因 I0.3 常闭触点闭合，执行"JMP　2"指令，跳过自动控制程序段到标号 2 处结束。

（2）自动控制模式：当 SA 处于接通状态时，I0.3 常开触点闭合，执行"JMP　1"指令，跳转网络 4 标号 1 处，执行网络 5 的自动控制程序段，然后顺序执行到指令语句结束。

4. 操作步骤

（1）按图 5-8 所示连接手动/自动选择控制电路。

（2）将图 5-9 所示的控制程序下载到 PLC。

（3）PLC 上输入指示灯 I0.0、I0.1 应亮。

（4）手动控制模式：断开选择开关 SA，输入指示灯 I0.3 熄灭。按启动按钮 SB2，电动机启动。按停止按钮 SB1，电动机停止。

（5）自动控制模式：接通选择开关 SA，输入指示灯 I0.3 亮。按启动按钮 SB2，电动机启动，60s 后自动停止。在运转过程中，按停止按钮 SB1，电动机立即停止。

5.4 | 算术运算指令及应用

算术运算指令可以进行 "+" "-" "×" "÷" 等运算，运算的结果影响标志位 SM1.0（零标志）、SM1.1（溢出标志）、SM1.2（负数标志）和 SM1.3（除数为 0 标志）。

5.4.1 加法指令 ADD

加法指令 ADD 是对有符号数进行相加操作，即 IN1+IN2=OUT，它包括整数加法和双整数加法，其指令格式见表 5-9。

表 5-9　　　　　　　　　　　　　　ADD 指令

项　　目	整　数　加　法	双整数加法
梯形图	ADD_I EN　ENO IN1　OUT IN2	ADD_DI EN　ENO IN1　OUT IN2
指令表	+I　IN1, OUT	+D　IN1, OUT

1. 加法指令 ADD 的说明

（1）IN1、IN2 为参加运算的源操作数，OUT 为存储运算结果的目标操作数。

（2）整数加法运算 ADD_I。将 2 个单字长（16 位）有符号整数 IN1 和 IN2 相加，运算结果送到 OUT 指定的存储器单元，输出结果为 16 位。

（3）双整数加法运算 ADD_DI。将 2 个双字长（32 位）有符号双整数 IN1 和 IN2 相加，运算结果送到 OUT 指定的存储器单元，输出结果为 32 位。

2. 加法指令 ADD 的举例

加法指令 ADD 的应用举例如图 5-10 所示。在网络 1 中，当 I0.1 接通时，常数-100 传送到变量存储器 VW10；在网络 2 中，当 I0.2 接通时，常数 500 传送到 VW20；在网络 3 中，当 I0.3 接通时，执行加法指令，VW10 中的数据-100 与 VW20 中的数据 500 相加，运算结果 400 存储到 VW30 中。

使用状态表可以监控数据的变化。当程序下载并运行后，单击编程软件主界面左侧中的 "状态表" 按钮，打开状态表界面，并在状态表地址列输入需要监控的元件地址和选择格式；单击编程软件主菜单 "调试" → "开始状态表监控"。加法运算状态监控表如图 5-11 所示，监控表中显示存储单元 VW10、VW20、VW30 中的数据分别是-100、+500、+400。

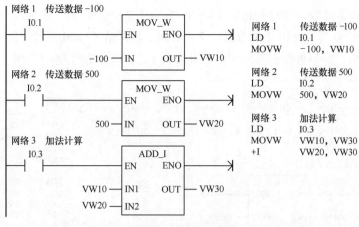

图 5-10　加法指令举例

	地址	格式	当前值
1	VW10	有符号	-100
2	VW20	有符号	+500
3	VW30	有符号	+400
4	SM1.0	位	2#0
5		有符号	

图 5-11　加法运算状态监控表

如果两个数据相加后零标志位 SM1.0 的状态为 1，则说明这两个数是相反数。

5.4.2　减法指令 SUB

减法指令 SUB 是对有符号数进行相减操作，即 IN1−IN2=OUT，它包括整数减法和双整数减法，其指令格式见表 5-10。

表 5-10　　　　　　　　　　　　　　　　SUB 指令

项　　目	整　数　减　法	双整数减法
梯形图	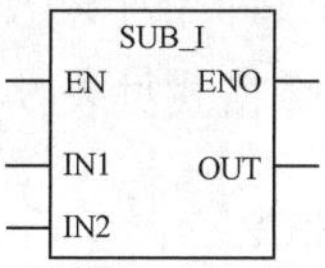 SUB_I EN　ENO IN1　OUT IN2	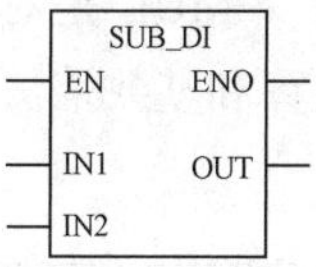 SUB_DI EN　ENO IN1　OUT IN2
指令表	−I　IN1，OUT	−D　IN1，OUT

1.　减法指令 SUB 的说明

（1）整数减法运算 SUB_I。将 2 个单字长（16 位）有符号整数 IN1 和 IN2 相减，运算结果送到 OUT 指定的存储器单元，输出结果为 16 位。

（2）双整数减法运算 SUB_DI。将 2 个双字长（32 位）有符号双整数 IN1 和 IN2 相减，运算结果送到 OUT 指定的存储器单元，输出结果为 32 位。

2.　减法指令 SUB 的举例

减法指令 SUB 的应用举例如图 5-12 所示。在网络 1 中，当 I0.1 接通时，常数+300 传送到变量存储器 VW10，常数+1 200 传送到 VW20；在网络 2 中，当 I0.2 接通时，执行减法指令，VW10 中的数据+300 与 VW20 中的数据+1 200 相减，运算结果−900 存储到变量存储器 VW30。由于运算结果为负，影响负数标志位 SM1.2 状态为 1，输出继电器 Q0.0 通电。

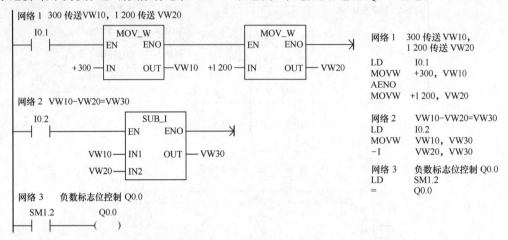

图 5-12　减法指令举例

减法运算状态监控表如图 5-13 所示。

	地址	格式	当前值
1	VW10	有符号	+300
2	VW20	有符号	+1200
3	VW30	有符号	-900
4	SM1.2	位	2#1
5	Q0.0	位	2#1

图 5-13　减法运算状态监控表

如果两个数据相减后零标志位 SM1.0 状态为 1，则说明这两个数据相等。

5.4.3　乘法指令 MUL

乘法指令 MUL 是对有符号数进行乘法运算，即 IN1×IN2=OUT，包括整数乘法运算、双整数乘法运算和整数乘法运算双整数输出，其指令格式见表 5-11。

表 5-11　　　　　　　　　　　　　　　　MUL 指令

项　　目	整　数　乘　法	双整数乘法	整数乘法运算双整数输出
梯形图	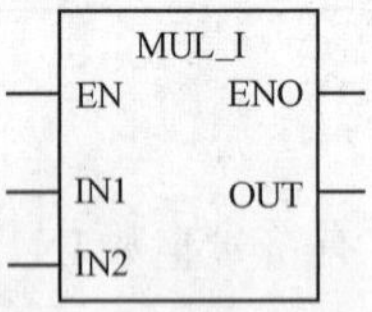 MUL_I EN　ENO IN1　OUT IN2	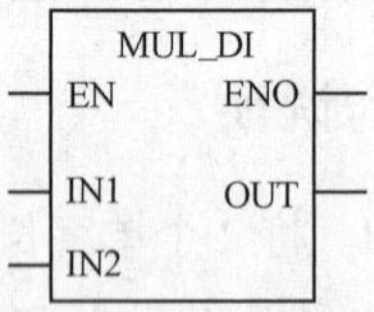 MUL_DI EN　ENO IN1　OUT IN2	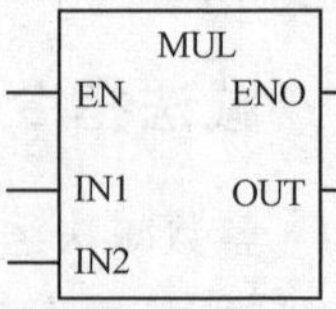 MUL EN　ENO IN1　OUT IN2
指令表	*I　IN1，OUT	*D　IN1，OUT	MUL　IN1，OUT

1. 乘法指令 MUL 的说明

（1）整数乘法运算 MUL_I。将 2 个单字长（16 位）有符号整数 IN1 和 IN2 相乘，运算结果送到 OUT 指定的存储器单元，输出结果为 16 位。

（2）双整数乘法运算 MUL_DI。将 2 个双字长（32 位）有符号双整数 IN1 和 IN2 相乘，运算结果送到 OUT 指定的存储器单元，输出结果为 32 位。

（3）整数乘法运算双整数输出 MUL。将 2 个单字长（16 位）有符号整数 IN1 和 IN2 相乘，运算结果送到 OUT 指定的存储器单元，输出结果为 32 位。

（4）整数数据做乘 2 运算，相当于其二进制形式左移 1 位；做乘 4 运算，相当于其二进制形式左移 2 位；做乘 8 运算，相当于其二进制形式左移 3 位……。

2. 乘法指令 MUL 的举例

处于监控状态下的整数乘法运算双整数输出的梯形图如图 5-14（a）所示。I0.0 触点状态 ON，执行乘法指令，乘法运算的结果（10 923×12 = 131 076）存储在 VD30 目标操作数中，其二进制格式为 0000 0000 0000 0010 0000 0000 0000 0100。

VD30 中各字节存储的数据分别是 VB30=0、VB31=2、VB32=0、VB33=4；VD30 中各字存储的数据分别是 VW30 = +2、VW32 = +4，状态监控表如图 5-14（b）所示。

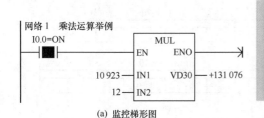

	地址	格式	当前值
1	VD30	有符号	+131076
2	VB30	无符号	0
3	VB31	无符号	2
4	VB32	无符号	0
5	VB33	无符号	4
6	VW30	有符号	+2
7	VW32	有符号	+4

(a) 监控梯形图　　　　　　　　　　　(b) 状态监控表

图 5-14　乘法指令 MUL 的举例

5.4.4　除法指令 DIV

除法指令 DIV 是对有符号数进行除法运算，即 IN1÷IN2=OUT，包括整数除法运算、双整数除法运算和整数除法运算双整数输出，其指令格式见表 5-12。

表 5-12　　　　　　　　　　　　　　　　　DIV 指令

项　　目	整 数 除 法	双整数除法	整数除法运算双整数输出
梯形图	DIV_I EN　ENO IN1　OUT IN2	DIV_DI EN　ENO IN1　OUT IN2	DIV EN　ENO IN1　OUT IN2
指令表	/I　IN1, OUT	/D　IN1, OUT	DIV　IN1, OUT

1. 除法指令 DIV 的说明

（1）整数除法运算 DIV_I。将 2 个单字长（16 位）有符号整数 IN1 和 IN2 相除，运算结果送到 OUT 指定的存储器单元，输出结果为 16 位。

（2）双整数除法运算 DIV_DI。将 2 个双字长（32 位）有符号双整数 IN1 和 IN2 相除，运算结果送到 OUT 指定的存储器单元，输出结果为 32 位。

（3）整数除法运算双整数输出 DIV。将 2 个单字长（16 位）有符号整数 IN1 和 IN2 相除，运算结果送到 OUT 指定的存储器单元，输出结果为 32 位，其中低 16 位是商，高 16 位是余数。

（4）整数数据做除以 2 运算，相当于其二进制形式右移 1 位；做除以 4 运算，相当于其二进制形式右移 2 位；做除以 8 运算，相当于其二进制形式右移 3 位；……。

在如图 5-15（a）所示的除法程序中，被除数存储在变量存储器 VW0，除数存储在 VW10。当 I0.0 接通时，执行除法指令，运算结果存储在 VD20。其中商存储在 VW22，余数存储在 VW20，操作数的结构如图 5-15（b）所示。

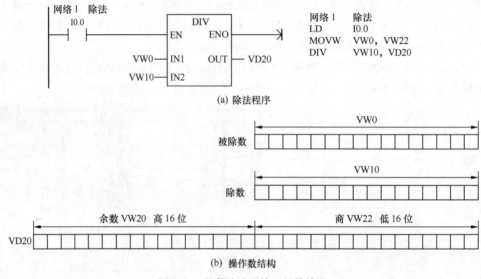

(a) 除法程序

(b) 操作数结构

图 5-15　整数除法运算双整数输出

2. 除法指令 DIV 的举例

处于监控状态下的除法指令梯形图如图 5-16（a）所示。I0.0 状态 ON，执行除法指令。除法运算的结果（15/2=商 7 余 1）存储在 VD20 的目标操作数中，其中商 7 存储在 VW22，余数 1 存储在 VW20。其二进制格式为 0000 0000 0000 0001 0000 0000 0000 0111。

VD20 中各字节存储的数据分别是 VB20=0、VB21=1、VB22=0、VB23=7；各字存储的数据分别是 VW20=+1、VW22=+7，状态监控表如图 5-16（b）所示。

利用除 2 取余法可以判断数据的奇偶性，如果余数为 1 是奇数，为 0 则是偶数。

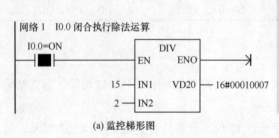

	地址	格式	当前值
1	VD20	有符号	+65543
2	VB20	无符号	0
3	VB21	无符号	1
4	VB22	无符号	0
5	VB23	无符号	7
6	VW20	有符号	+1
7	VW22	有符号	+7

(a) 监控梯形图

(b) 状态监控表

图 5-16　除法指令 DIV 的举例

5.4.5 模拟电位器的应用

在实际生产中，当生产工艺发生变化时，往往需要调整或修改 PLC 控制程序。解决的方法有两种：一是写入新的用户程序，二是用 PLC 自带的模拟电位器调节程序的相关参数。显然，应用后者快捷易行。

在 PLC 面板的前盖里，CPU221、CPU222 有 1 个模拟电位器 0，CPU224、CPU226 有 2 个模拟电位器 0 和 1，它们的数值经模数转换电路处理后分别存储于特殊存储器字节 SMB28 和 SMB29 中，数值范围为 0～255，用小螺丝刀轻轻将电位器顺时针旋转时数值增大，逆时针旋转时数值减小。在程序参数中置入字节 SMB28 或 SMB29，就可以通过旋转模拟电位器来调节定时器或计数器的预置值及其他程序参数。

【例题 5.2】 要求 I0.0 在接通 120～150s 内 Q0.0 状态为 ON，延时时间用模拟电位器 1 进行调节，编写相应的 PLC 程序。

【解】 定时时间为 120～150s，则分辨率 100ms 定时器的设定值应为 1 200～1 500，计算公式为

$$1\ 200+(SMB29) \times 300/255$$

程序如图 5-17 所示，SMB29 只有 1 字节长，而整数运算指令需要 1 字（2 字节）长，因此，使用累加器运算比较方便。计算结果存储在 VW10 中，作为 T40 的设定值。电位器逆时针旋转到底时，（SMB29） = 0，设定值为 1 200，定时时间为 120s。电位器顺时针旋转到底时，（SMB29）= 255，设定值为 1 500，定时时间为 150s。

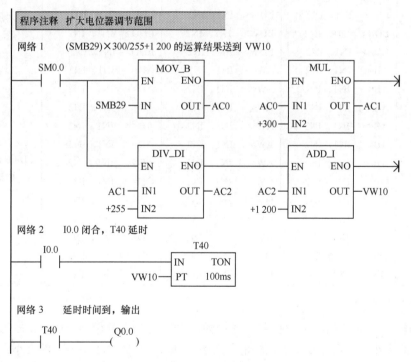

图 5-17 例题 5.2 程序

为了保证运算的精度，应先乘后除。由于乘法运算结果可能大于一个字所表示的最大正数 32 767，所以使用整数乘法运算双整数输出指令 MUL。

5.5 比较指令及应用

比较指令是将两个数值按指定条件进行比较，当条件满足时，比较触点接通，否则比较触点分断。在实际应用中，比较指令多应用于上下限控制及数值条件的判断。

5.5.1 比较指令

比较指令属于数据处理类指令，其指令格式见表 5-13。

表 5-13　　　　　　　　　　比较指令

类　型	字 节 比 较	整 数 比 较	双整数比较	比较指令关系式符号说明
梯形图（以＝＝为例）	IN1 ─┤ ==B ├─ IN2	IN1 ─┤ ==I ├─ IN2	IN1 ─┤ ==D ├─ IN2	
指令表	LDB＝ IN1，IN2 LDB<> IN1，IN2 LDB< IN1，IN2 LDB<= IN1，IN2 LDB> IN1，IN2 LDB>= IN1，IN2 AB= IN1，IN2 AB<> IN1，IN2 AB< IN1，IN2 AB<= IN1，IN2 AB> IN1，IN2 AB>= IN1，IN2 OB= IN1，IN2 OB<> IN1，IN2 OB< IN1，IN2 OB<= IN1，IN2 OB> IN1，IN2 OB>= IN1，IN2	LDW＝ IN1，IN2 LDW<> IN1，IN2 LDW< IN1，IN2 LDW<= IN1，IN2 LDW> IN1，IN2 LDW>= IN1，IN2 AW= IN1，IN2 AW<> IN1，IN2 AW< IN1，IN2 AW<= IN1，IN2 AW> IN1，IN2 AW>= IN1，IN2 OW= IN1，IN2 OW<> IN1，IN2 OW< IN1，IN2 OW<= IN1，IN2 OW> IN1，IN2 OW>= IN1，IN2	LDD＝ IN1，IN2 LDD<> IN1，IN2 LDD< IN1，IN2 LDD<= IN1，IN2 LDD> IN1，IN2 LDD>= IN1，IN2 AD= IN1，IN2 AD<> IN1，IN2 AD< IN1，IN2 AD<= IN1，IN2 AD> IN1，IN2 AD>= IN1，IN2 OD= IN1，IN2 OD<> IN1，IN2 OD< IN1，IN2 OD<= IN1，IN2 OD> IN1，IN2 OD>= IN1，IN2	＝＝ 等于 ＜＞ 不等于 ＜ 小于 ＜= 小于等于 ＞ 大于 ＞= 大于等于 LD 取比较触点 A 串联比较触点 O 并联比较触点

比较指令说明如下。

（1）比较指令操作数的类型是字节、整数和双整数。字节比较指令用来比较两个无符号数 IN1 与 IN2 的大小；整数和双整数比较指令用来比较两个整数 IN1 与 IN2 的大小，最高位为符号位，例如，在整数比较指令中，16#0 > 16#8 000，因为后者是－32 768。

（2）比较指令的运算符有＝＝、＜＞、＜、＜=、＞、＞= 6种类型。

（3）对比较指令可进行取（LD）、串联（A）、并联（O）编程。

5.5.2 比较指令应用举例

【例题 5.3】 应用比较指令产生断电 6s、通电 4s 的脉冲周期信号，从 Q0.0 端口输出。

【解】 程序与时序图如图 5-18 所示。T37 的预置值为 100，接成自复位电路，产生 10s 的振荡周期信号。当 T37 的当前值等于或大于 60 时，比较触点接通，Q0.0 通电，否则 Q0.0 断电。

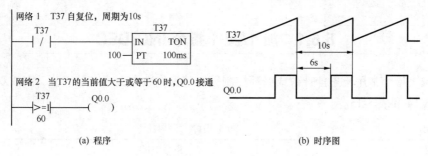

(a) 程序　　　　　　　　　　　　　　(b) 时序图

图 5-18　例题 5.3 程序与时序图

【例题 5.4】 某生产线有 5 台电动机，要求每台电动机间隔 5s 启动，试用比较指令编写启动控制程序。

【解】 程序如图 5-19 所示。当按下启动按钮 I0.0 时，第 1 台电动机通电自锁，T37 开始延时，当 T37 的当前值等于或大于比较指令的设定值时，比较触点接通，各台电动机依次启动。当按下停止按钮 I0.1 时，5 台电动机停止。

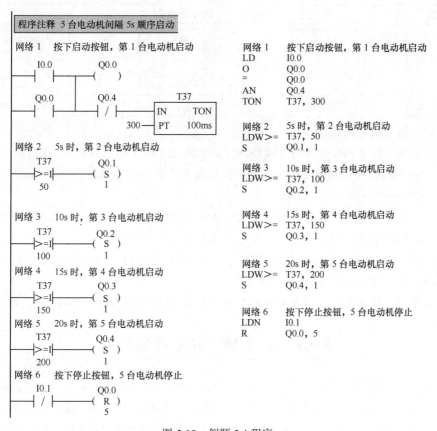

图 5-19　例题 5.4 程序

5.6 加1/减1指令及应用

5.6.1　加1/减1指令INC/DEC

加1/减1指令常用于累计计数或循环控制等，其操作数类型可以是字节、字或双字，指令格式见表5-14和表5-15。

表 5-14   加 1 指令

项　　目	加 1 指令 INC		
梯形图	INC_B — EN　ENO — — IN　OUT —	INC_W — EN　ENO — — IN　OUT —	INC_DW — EN　ENO — — IN　OUT —
指令表	INCB　OUT	INCW　OUT	INCD　OUT

表 5-15   减 1 指令

项　　目	减 1 指令 DEC		
梯形图	DEC_B — EN　ENO — — IN　OUT —	DEC_W — EN　ENO — — IN　OUT —	DEC_DW — EN　ENO — — IN　OUT —
指令表	DECB　OUT	DECW　OUT	DECD　OUT

加1/减1指令说明如下。

（1）字节加1/减1操作是无符号循环数。最大值255加1结果为0，即执行加1指令后数据分别为0→1→2→…→254→255→0；最小值0减1结果为255，即执行减1指令后数据分别为0→255→254→…→1→0。

（2）字加1/减1操作是有符号数，负数以补码格式出现。0（2#0000 0000 0000 0000）加1结果为+1（2#0000 0000 0000 0001）；0减1结果为-1（2#1111 1111 1111 1111）。

（3）字加1/减1结果是循环数。+32 767（2#0111 1111 1111 1111）加1结果为－32 768（2#1000 0000 0000 0000），－32 768减1结果为+32 767。

（4）加1/减1指令的运算结果影响SM1.0（零）、SM1.1（溢出）、SM1.2（负数）标志位。

5.6.2　加1/减1指令应用举例

加1/减1指令举例如图5-20所示，该程序可以用来验证字节加1/减1操作结果是无符号循环数。为了控制每次操作只能增加或减少1个数值，应用脉冲上升沿（或下降沿）指令来控制INC/DEC指令只能执行一次。I0.0将QB0清0，I0.1将QB0置数255。I0.2触点每接通一次，

QB0 的数据被加 1 后刷新，即（QB0）+1→（QB0）；I0.3 触点每接通一次，QB0 的数据被减 1 后刷新，即（QB0）-1→（QB0），运算结果可以通过输出端 LED 显示。

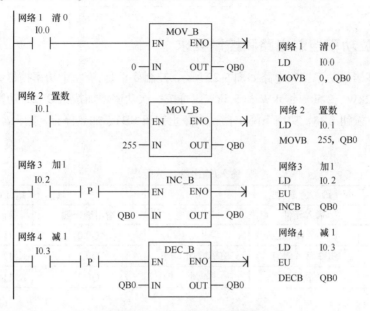

图 5-20　加 1/减 1 指令举例

【例题 5.5】 应用加 1/减 1 指令调整 QB0 的状态。要求 QB0 的初始状态为 7，状态调整范围为 5～10，编写相应的 PLC 程序。

【解】 PLC 程序如图 5-21 所示。应用初始化脉冲 SM0.1 设置 QB0 的初始状态值为 7，应用比较指令设置状态上下限数值范围 5～10，调整结果可以通过输出端 LED 显示。

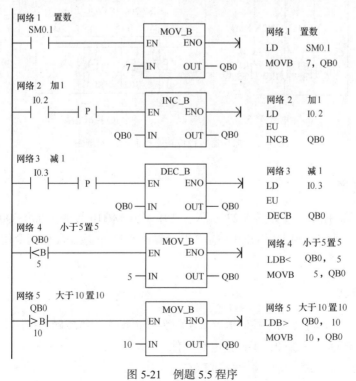

图 5-21　例题 5.5 程序

5.6.3　实习操作：多挡位功率调节控制

1.　多挡位功率控制电路和控制要求

某加热器多挡位功率控制电路如图 5-22 所示。控制要求是：有 7 个功率挡位，分别是 0.5kW、1kW、1.5kW、2kW、2.5kW、3kW 和 3.5kW。每按一次功率增加按钮 SB2，功率上升 1 挡；每按一次功率减少按钮 SB3，功率下降 1 挡；按停止按钮 SB1，加热停止。输入/输出端口分配见表 5-16。

表 5-16　　　　　　　　　　　　输入/输出端口分配表

输 入 端 口			输 出 端 口	
输入继电器	输入元件	作用	输出继电器	接触器、电热元件
I0.0	SB1 常闭触点	停止加热	Q0.0	KM1、　R1/0.5kW
I0.1	SB2 常开触点	功率增加 1 挡	Q0.1	KM2、　R2/1kW
I0.2	SB3 常开触点	功率减小 1 挡	Q0.2	KM3、　R3/2kW

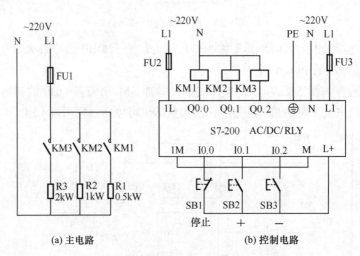

(a) 主电路　　　　　　　　　　　(b) 控制电路

图 5-22　加热器多挡位功率控制电路原理图

2.　控制程序

多挡位功率调节控制程序如图 5-23 所示。使用字节 MB10 控制 Q0.0～Q0.2，可以节省输出端口（若直接使用 QB0 则占用 Q0.0～Q0.7 八个输出端口）；应用比较指令使控制字节 MB10 的数值范围为 0～7。

3.　操作步骤

（1）按图 5-22 所示连接功率控制电路。实习为模拟操作，将接触器线圈 KM1～KM3 分别连接到 PLC 输出端 Q0.0～Q0.2，不连接电热元件。

（2）将图 5-23 所示的控制程序下载到 PLC。

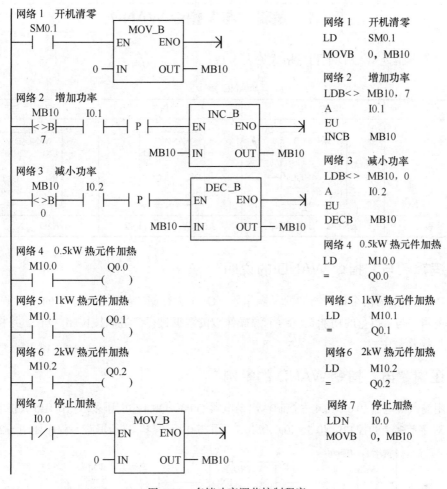

图 5-23　多挡功率调节控制程序

（3）增加功率。开机后首次按下功率增加按钮 SB2 时，M10.0 状态为 1，Q0.0 通电，KM1 通电动作，加热功率为 0.5kW。以后每按一次按钮 SB2，KM1～KM3 按加 1 规律通电动作，直到 KM1～KM3 全部通电为止，最大加热功率为 3.5kW。

（4）减小功率。每按一次减小功率按钮 SB3，KM1～KM3 按减 1 规律动作，直到 KM1～KM3 全部断电为止。

（5）停止。当按下停止按钮 SB1 时，KM1～KM3 同时断电。

5.7 逻辑运算指令及应用

"与""或""取反"逻辑是开关量控制的基本逻辑关系。逻辑运算指令是对无符号数进行逻辑处理，主要包括逻辑"与""或""取反"等指令。操作数长度可为字节、字和双字。

5.7.1　逻辑"与"指令 WAND

逻辑"与"指令 WAND 的指令格式见表 5-17。

表 5-17　　　　　　　　　　　　　　　WAND 指令

项　　目	字节"与"	字"与"	双字"与"
梯形图	WAND_B EN　ENO IN1　OUT IN2	WAND_W EN　ENO IN1　OUT IN2	WAND_DW EN　ENO IN1　OUT IN2
指令表	ANDB　IN1, IN2	ANDW　IN1, IN2	ANDD　IN1, IN2

1. 逻辑"与"指令 WAND 的说明

（1）IN1、IN2 为两个相"与"的源操作数，OUT 为存储"与"逻辑结果的目标操作数。

（2）逻辑"与"指令的功能是将两个源操作数的数据进行二进制按位相"与"，并将运算结果存入目标操作数中。

2. 逻辑"与"指令 WAND 的举例

要求用输入继电器 I0.0～I0.4 去控制输出继电器 Q0.0～Q0.4，可用输入字节 IB0 去控制输出字节 QB0。对字节多余的控制位 I0.5、I0.6 和 I0.7，可与 0 相"与"进行屏蔽。程序如图 5-24 所示。

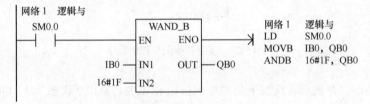

图 5-24　应用逻辑"与"指令的程序

运算过程如图 5-25 所示。设 IB0 的数据为 16#BA，与十六进制常数 16#1F 相"与"后，QB0 的状态为 16#1A。输出继电器与输入继电器低 5 位的状态完全相同，输出继电器的高 3 位被屏蔽。由此可得出结论：某位数据与 1 相"与"状态保持，与 0 相"与"状态清 0。

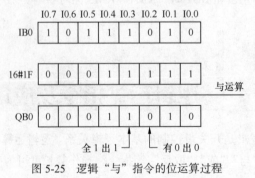

图 5-25　逻辑"与"指令的位运算过程

5.7.2　逻辑"或"指令 WOR

逻辑"或"指令 WOR 的指令格式见表 5-18。

表 5-18　　　　　　　　　　　　　　　WOR 指令

项　　目	字节"或"	字"或"	双字"或"
梯形图	WOR_B EN　　ENO IN1　　OUT IN2	WOR_W EN　　ENO IN1　　OUT IN2	WOR_DW EN　　ENO IN1　　OUT IN2
指令表	ORB　IN1, IN2	ORW　IN1, IN2	ORD　IN1, IN2

1.　逻辑"或"指令 WOR 的说明

（1）IN1、IN2 为两个相"或"的源操作数，OUT 为存储"或"运算结果的目标操作数。

（2）逻辑"或"指令的功能是将两个源操作数的数据进行二进制按位相"或"，并将运算结果存入目标操作数中。

2.　逻辑"或"指令 WOR 的举例

要求用输入继电器字节 IB0 去控制输出继电器字节 QB0，但 Q0.3、Q0.4 两位不受字节 IB0 的控制而始终处于 ON 状态。可用逻辑"或"指令屏蔽 I0.3、I0.4 位，程序如图 5-26 所示。

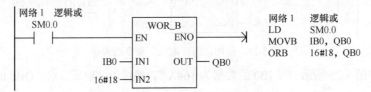

图 5-26　应用逻辑"或"指令的程序

运算过程如图 5-27 所示。假设 IB0 的数据为 16#AA，与十六进制常数 16#18 相"或"后，QB0 的状态为 16#BA。可见字节 QB0 的 Q0.3、Q0.4 位保持"1"状态不变，与 I0.3、I0.4 的状态无关，而其余 6 位则与 IB0 的状态相同。由此可得出结论：某位数据与 0 相"或"状态保持，与 1 相"或"状态置 1。

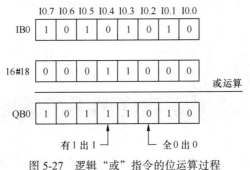

图 5-27　逻辑"或"指令的位运算过程

5.7.3 逻辑"取反"指令 INV

逻辑"取反"指令 INV 的指令格式见表 5-19。

表 5-19   INV 指令

项　　目	字节"取反"	字"取反"	双字"取反"
梯形图	INV_B EN　ENO IN　OUT	INV_W EN　ENO IN　OUT	INV_DW EN　ENO IN　OUT
指令表	INVB　IN	INVW　IN	INVD　IN

1. 逻辑"取反"指令 INV 的说明

（1）IN 为"取反"的源操作数，OUT 为存储"取反"运算结果的目标操作数。

（2）逻辑"取反"指令的功能是将源操作数数据进行二进制按位"取反"，并将逻辑运算结果存入目标操作数 OUT 中。

2. 逻辑"取反"指令 INV 的举例

假设要求用输入继电器字节 IB0 的相反状态去控制输出继电器字节 QB0，即 IB0 的某位为"1"时，QB0 的相应位为"0"；IB0 某位为"0"时，QB0 的相应位为"1"。程序如图 5-28 所示。

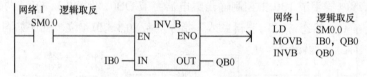

图 5-28　应用逻辑"取反"指令的程序

运算过程如图 5-29 所示。设 IB0 的数据为 16#AA，经按位"取反"后，QB0 的状态为 16#55。

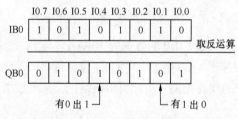

图 5-29　逻辑"取反"指令的位运算过程

5.8 子程序调用指令及应用

PLC 程序通常由主程序、子程序和中断程序构成。在程序中，有时会存在多个逻辑功能完全相同的程序段，如图 5-30（a）所示的 D 程序段。为了简化程序结构，可以将 D 程序段作为子程序，需要执行 D 程序段时，则调用该子程序。执行完子程序后，再返回主程序中。主程序和一个子程序的程序结构如图 5-30（b）所示。

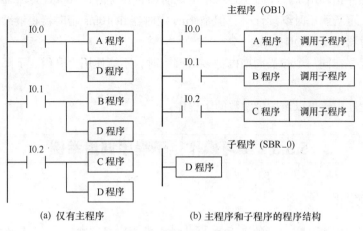

图 5-30　子程序调用与返回结构

5.8.1　创建子程序的方法

S7-200 的程序块由主程序、子程序和中断程序 3 类组成，其中主程序是必须的。在软件窗口里为每个程序提供一个独立的编辑页面，主程序总是位于第一页，其后两个页面分别是子程序 0 和中断程序 0。

除主程序 OB1 外，程序编辑器默认一个子程序 0（SBR_0）。若要再新建一个子程序，可以单击编程软件主菜单"编辑"→"插入"→"子程序"，即可新建子程序 1（SBR_1）。也可以在编辑界面上单击鼠标右键，选择"插入"→"子程序"。

CPU226 最多可以创建 128（SBR_0～SBR_127）个子程序，其他类型 CPU 模块可以创建 64（SBR_0～SBR_63）个子程序。

5.8.2　子程序指令 CALL、CRET

子程序指令属于程序控制类指令，子程序调用指令 CALL、条件返回指令 CRET 的指令格式见表 5-20。

表 5-20　　　　　　　　　　　　　　CALL、CRET 指令

项　　目	子程序调用指令	条件返回指令
梯形图	SBR_N —EN	——(RET)
指令表	CALL　SBR_N	CRET

子程序指令说明如下。

（1）编程软件在每个子程序末尾处自动添加无条件返回指令。在主程序中调用子程序将执

行子程序的全部指令，直至子程序结束，然后返回主程序调用子程序指令的下一条指令处。

（2）系统还提供了子程序条件返回指令 CRET，根据条件选择是否提前返回调用它的程序。

（3）如果在子程序中再调用其他子程序称为子程序嵌套，嵌套数可达 8 级。

（4）如果在停止调用子程序时子程序中的定时器正在计时，100ms 定时器将停止计时，保持当前值不变，重新调用时继续计时；但是 1ms 定时器和 10ms 定时器将继续计时，定时时间到，它们的定时器位变为 ON 状态。

（5）当子程序在同一个扫描周期内被多次调用时，不能使用上升沿、下降沿、定时器和计数器指令。

（6）在主程序中还可以调用带参数的子程序。

5.8.3　实习操作：子程序调用举例

1. 控制要求

应用子程序调用指令实现电动机手动/自动操作模式选择控制。SA 是手动/自动操作模式选择开关，当 SA 处于断开状态时，选择手动操作模式；当 SA 处于接通状态时，选择自动操作模式，不同操作模式的进程如下。

（1）手动操作模式。手动操作模式是点动控制，当按下启动按钮 SB2 时，电动机运转；当松开启动按钮 SB2 时，电动机停止。

（2）自动操作模式。自动操作模式是自锁控制加上延时控制，当按下启动按钮 SB2 时，电动机启动，连续运转 60s 后，自动停止。如果按下停止按钮 SB1，则电动机立即停止。

2. 控制线路

控制线路如图 5-31 所示，输入/输出端口分配见表 5-21。

表 5-21　　　　　　　　　　　　　输入/输出端口分配表

输 入 端 口			输 出 端 口	
输入继电器	输入元件	作用	输出继电器	输出元件
I0.0	KH 常闭触点	过载保护	Q0.0	接触器 KM
I0.1	SB1 常闭触点	停止按钮		
I0.2	SB2 常开触点	启动按钮		
I0.3	SA 拨动开关	手动/自动模式选择		

3. 控制程序

控制程序如图 5-32 所示。程序工作原理如下。

（1）选择手动操作模式。当 I0.3 物理触点分断时，在主程序中调用子程序 SBR_0，子程序 SBR_0 是点动控制程序段，用于调试生产工艺。

（2）选择自动操作模式。当 I0.3 物理触点接通时，在主程序中调用子程序 SBR_1，子程序 SBR_1 是自锁控制与延时控制程序段，用于正常生产。

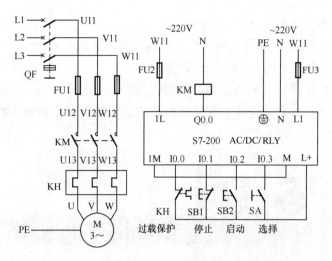

图 5-31　电动机手动/自动操作模式选择控制线路

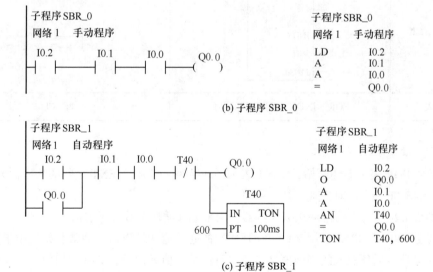

(a) 主程序

(b) 子程序 SBR_0

(c) 子程序 SBR_1

图 5-32　电动机手动/自动操作模式选择控制程序

4. 操作步骤

（1）按图 5-31 所示连接手动/自动操作模式选择控制线路。

（2）将图 5-32 所示控制程序下载到 PLC。

（3）选择手动操作模式。断开选择开关 SA，输入指示灯 I0.3 灭。当按下启动按钮 SB2 时，电动机启动；当松开启动按钮 SB2 时，电动机停止。

（4）选择自动操作模式。接通选择开关 SA，输入指示灯 I0.3 亮。当按下启动按钮 SB2 时，电动机启动，60s 后自动停止。在运转过程中，当按下停止按钮 SB1 时，电动机立即停止。

5.9 循环指令及应用

在生产控制中经常遇到需要重复执行的运算，应用循环指令可以大大简化用户程序。例如，求 0+1+2+3+...+100 的和，如果仅应用加法指令，要编写 100 个 ADD 指令，但应用循环指令编程时，只需要编写 1 个 ADD 指令即可。

5.9.1 循环指令 FOR、NEXT

循环指令 FOR、NEXT 的指令格式见表 5-22。

表 5-22　　　　　　　　　　　　　FOR、NEXT 指令

项　　目	FOR 指令	NEXT 指令
梯形图	FOR EN　　ENO INDX INIT FINAL	─(NEXT)
指令表	FOR　INDX, INIT, FINAL	NEXT

循环指令的说明如下。

（1）指令 FOR 表示循环开始，NEXT 表示循环结束，FOR、NEXT 之间的程序称为循环体。指令 FOR、NEXT 必须成对出现，缺一不可。

（2）参数 INDX 为当前循环次数计数器，用来记录循环次数的当前值。

（3）参数 INIT 及 FINAL 用来设定循环次数的起始值和结束值。通常起始值小于结束值，每执行一次循环，循环次数的当前值增 1，并且同结束值做比较，如果起始值大于结束值，循环结束。例如，假定 INIT 值等于 1，FINAL 值等于 10，FOR 与 NEXT 之间的指令被执行 10 次，INDX 值递增为：1，2，3，...，10。

（4）如果在循环体内又包含了另外一个循环，称为循环嵌套，最多允许 8 级循环嵌套。

（5）再次启动循环时，它将起始值 INIT 复制到当前循环次数计数器 INDX。

5.9.2　扫描周期标志字

CPU 扫描周期时间标志字见表 5-23，扫描时间单位为 ms。

表 5-23　　　　　　　　　　　CPU 扫描时间标志字

标志字（只读）	描　　述
SMW24	进入 RUN 模式后，所记录的最短扫描时间
SMW26	进入 RUN 模式后，所记录的最长扫描时间

当程序运行以后，在状态表中对 SMW26 进行监控，便可得知程序的最长扫描周期时间。也可以单击编程软件主菜单"PLC"→"信息"，查看最长扫描周期。

5.9.3　看门狗复位指令 WDR

系统监视定时器又称看门狗（Watch Dog），它的时间设置为 500ms。若用户程序扫描周期小于 500ms，每当本次扫描结束时，看门狗被自动复位。如果用户程序的扫描周期大于 500ms 时，看门狗会使 CPU 由运行（RUN）模式转换为停止（STOP）模式。

为了延长系统允许扫描时间，可以将看门狗复位指令 WDR（Watch Dog Reset）插入到程序中适当的地方，使系统监视定时器提前复位。使用 WDR 指令时应当小心，如果使用循环指令阻止扫描完成或严重延迟扫描完成，下列程序只有在扫描周期完成后才能执行：

（1）通信（自由端口模式除外）；

（2）I/O 更新（立即 I/O 除外）；

（3）强迫更新；

（4）SM 位更新（不更新 SMB0、SMB5 至 SMB29）；

（5）运行时间诊断程序；

（6）10ms 和 100ms 定时器对于超过 25s 的扫描不能正确地累计时间；

（7）用于中断例行程序时的 STOP（停止）指令。

5.9.4　循环指令举例

【例题 5.6】　求 0+1+2+3+...+100 的和，将运算结果存入 VD4，并在状态表中监控 VD0、VD4 和 SMW26。

【解】　应用循环指令求和程序如图 5-33 所示，VD0 为循环增量，I0.0 连接控制按钮。当 I0.0 接通时，对 VD0、VD4 清 0；当 I0.0 分断时循环开始，循环次数 100 次。每循环一次，循环增量 VD0 中的数据自动加 1，（VD4）与（VD0）相加 1 次，结果存入 VD4。共计相加 100 次后结束循环。

状态表监控值见表 5-24 第 3 列。当求 0+1+2+3+...+100 和的程序运行后，循环增量（VD0）= +100，运算结果（VD4）= +5 050，记录程序运行最长扫描时间标志字（SMW26）= 9ms，程序可以正常运行。

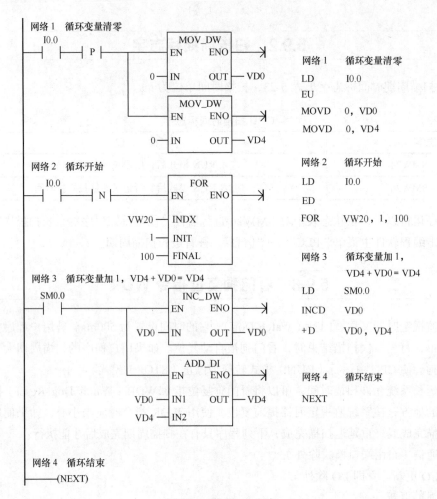

图 5-33　例题 5.6 程序

表 5-24　　　　　　　　　状态表监控值

地　址	格　式	当　前　值	当　前　值	当　前　值
循环增量 VD0	有符号	+100	+1 000	+10 000
运算结果 VD4	有符号	+5 050	+500 500	+50 005 000
SMW26（ms）	有符号	+9	+80	+865

　　将如图 5-33 所示循环程序的终值（FINAL）修改为 1 000，当求 0+1+2+3+...+1 000 和的程序运行后，运算结果（VD4）= +500 500，（SMW26）= 80ms，程序可以正常运行，状态表监控值见表 5-24 第 4 列。

　　再将如图 5-33 所示循环程序的终值（FINAL）修改为 10 000，当求 0+1+2+3+...+10 000 和的程序运行后，因为程序运行扫描时间已超过系统监视定时器时间，CPU 转为停止（STOP）模式，计算被中止。PLC 面板上系统错误/诊断（SF）灯亮，要解除 CPU 报警，先切断 PLC 电源，然后重新通电开机。

　　【例题 5.7】　应用循环指令和看门狗复位指令编写求 0+1+2+3+...+10 000 和的程序，将运算结果存入 VD4，并在状态表中监控 VD0、VD4 和 SMW26。

【解】 程序如图 5-34 所示。在循环体内插入看门狗复位指令 WDR，每循环一次，看门狗复位指令执行一次。当程序运行后，（VD4）= +50 005 000，（SMW26）= 865ms，虽然超过了系统监视定时值 500ms，但由于插入了看门狗复位指令 WDR，程序仍可正常运行，状态表监控值见表 5-24 第 5 列。

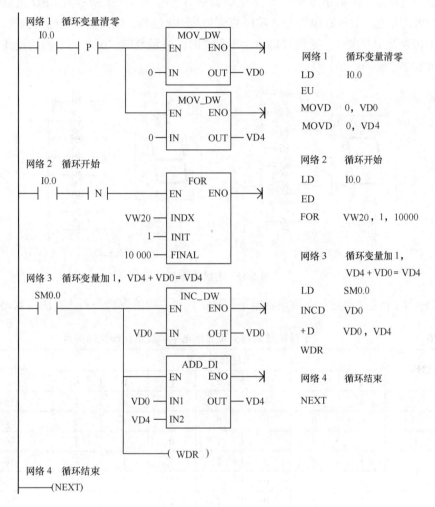

图 5-34 例题 5.7 程序

5.10
一位数码显示及应用

在生产实际中，数码显示是人机对话的主要方式之一。由于人们对十进制最熟悉，所以常采用十进制数码来显示各种参数、进程或结果。本节主要介绍 PLC 指令和程序在十进制数码显示方面的应用。

5.10.1　七段数码显示

1.　七段数码管与显示代码

七段数码管可以显示数字 0~9，十六进制数字 A~F。图 5-35 所示为 LED 组成的七段数码管外形和内部结构，七段数码管分共阳极结构和共阴极结构。以共阴极数码管为例，当 a、b、c、d、e、f 段接高电平发光，g 段接低电平不发光时，显示数字"0"。当七段均接高电平发光时，则显示数字"8"。

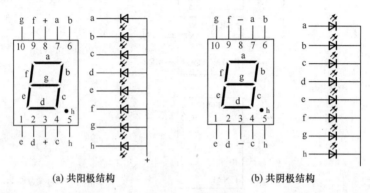

(a) 共阳极结构　　　　　　　　(b) 共阴极结构

图 5-35　七段数码管

表 5-25 列出十进制数码与七段显示电平和显示代码之间的逻辑关系（共阴极数码管）。

表 5-25　　　　　　　　　十进制数码与七段显示电平和显示代码逻辑关系

十进制数码	七段显示电平							七段显示码
	g	f	e	d	c	b	a	
0	0	1	1	1	1	1	1	16#3F
1	0	0	0	0	1	1	0	16#06
2	1	0	1	1	0	1	1	16#5B
3	1	0	0	1	1	1	1	16#4F
4	1	1	0	0	1	1	0	16#66
5	1	1	0	1	1	0	1	16#6D
6	1	1	1	1	1	0	1	16#7D
7	0	0	0	0	1	1	1	16#07
8	1	1	1	1	1	1	1	16#7F
9	1	1	0	0	1	1	1	16#67

2.　数码管应用举例

设计一个数码显示的 5 人智力竞赛抢答器。某参赛选手抢先按下自己的按钮时，则显示该选手的号码，同时联锁其他参赛选手的输入信号无效。主持人按复位按钮清除显示数码后，比赛继续进行。5 人智力竞赛抢答器控制电路需要 6 个输入端口，7 个输出端口。输入/输出端口的分配见表 5-26。

表 5-26 　　　　　　　　　　　　　　　　输入/输出端口分配表

输 入 端 口			输 出 端 口	
输入继电器	输入元件	作用	输出继电器	控制对象
I0.0	SB1	主持人复位	Q0.0~Q0.6	a~g 七段显示码
I0.1~I0.5	SB2~SB6	参赛选手 1~5		

5 人智力竞赛抢答器控制电路如图 5-36 所示，PLC 输出端口 QB0 连接共阴极数码管，使用外部直流电源 12V，限流电阻的阻值可根据发光亮度调整。

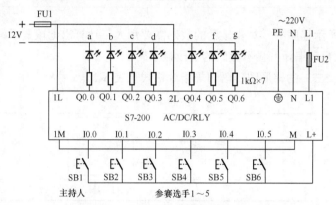

图 5-36　5 人智力竞赛抢答器控制电路

智力竞赛抢答器程序如图 5-37 所示，为了体现竞赛抢时性，用脉冲上升沿指令 EU 控制参赛选手的按钮动作只有在主持人按下复位按钮后才有效。

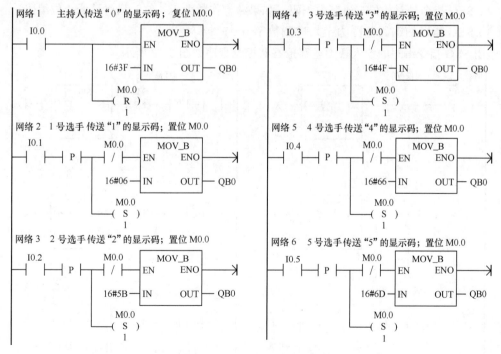

图 5-37　智力竞赛抢答器程序

在网络 1 中，当主持人按下复位按钮 I0.0 时，将"0"的显示码"16#3F"传送输出继电器 QB0，驱动相应段发光，显示数码"0"，表示竞赛开始，同时 M0.0 复位。

在网络 2 中，若参赛选手 1 号抢先按下按钮，I0.1 接通，将"1"的显示码"16#06"传送 QB0，显示数码"1"，同时使 M0.0 置位。M0.0 常闭触点断开其他参赛选手传送数据到 QB0 的支路，因此，QB0 中的数据不再发生变化，起到了联锁作用。其他参赛选手的动作与此类似，只是传送的显示码不同。

将控制电路和程序稍做修改，便可将参赛选手扩大到 9 人。

5.10.2　七段编码指令 SEG

在如图 5-37 所示程序中，对要显示的数码需要用人工计算出七段显示码，其实 PLC 有一条编码指令，可以自动编译待显示数码的七段显示码。

七段编码指令 SEG 的梯形图、语句等指令格式见表 5-27。

表 5-27　　　　　　　　　　　　　　　SEG 指令

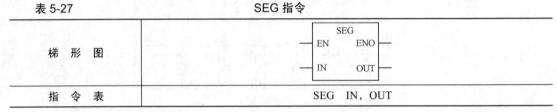

梯 形 图	SEG EN　　ENO IN　　OUT
指 令 表	SEG　IN，OUT

七段编码指令 SEG 说明如下。

（1）IN 为要编码的源操作数，OUT 为存储七段编码的目标操作数。IN、OUT 数据类型为字节（B）。

（2）SEG 指令是对 4 位二进制数编码，如果源操作数大于 4 位，只对最低 4 位编码。

（3）SEG 指令的编码范围为十六进制数字 0～F。

应用 SEG 指令编写的 5 人智力竞赛抢答器控制程序如图 5-38 所示。

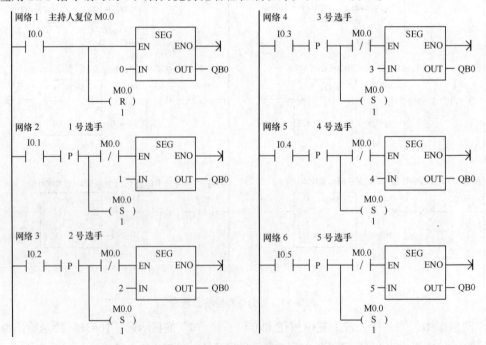

图 5-38　应用 SEG 指令编写的 5 人智力竞赛抢答器程序

5.10.3　调用带参数子程序

在如图 5-38 所示程序中，SEG 指令仅输入参数 IN 不同，因此可将 SEG 指令语句编程为带参数的子程序以供调用。

1. 子程序局部变量表

全局变量是指一个变量可以被任何程序（主程序、子程序或中断程序）访问，而局部变量只在它被创建的程序中有效。

子程序参数是用子程序的局部变量表定义的。用户程序中的主程序、子程序或中断程序都有自己的由 64 字节 L 存储器组成的局部变量表，局部变量表位于程序编辑窗口的上部位置，将水平分裂条拉至编辑窗口的顶部，则不再显示局部变量表，但是它仍然存在。将水平分裂条下拉，再次显示局部变量表，如图 5-39 所示。

符号	变量类型	数据类型	注释
EN	IN	BOOL	
	IN		
	IN_OUT		
	OUT		
	OUT		
	TEMP		

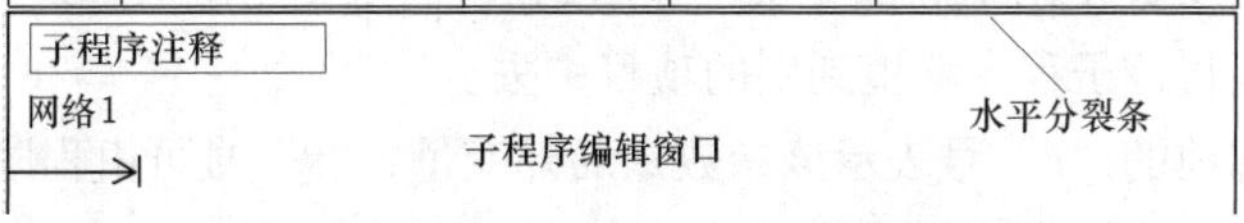

子程序注释
网络1　　　　　　　　　子程序编辑窗口　　　　水平分裂条

图 5-39　子程序的局部变量表

子程序中的参数必须有一个符号名（最多为 23 个字符），同时设置相应的变量类型和数据类型。在主程序或中断程序中，局部变量表只包含 TEMP 变量，而子程序的局部变量表中有 4 种变量类型。

IN（输入变量）：输入子程序的参数。

OUT（输出变量）：子程序返回的参数。

IN_OUT（输入_输出变量）：输入并从子程序返回的参数，输入值和返回值使用同一个地址。

TEMP（临时变量）：不能用来传递参数，仅用于子程序内部暂存数据。

变量顺序必须以 IN 开始，其次是 IN_OUT，然后是 OUT，最后是 TEMP。点击鼠标右键可以选择插入或删除变量。

变量的数据类型有：布尔（BOOL）、字节（BYTE）、字（WORD）、双字（DWORD）、整数（INT）、双整数（DINT）等。

2. 带参数的子程序

图 5-40 所示为 5 人智力竞赛抢答器带参数的子程序和局部变量表。在子程序的局部变量表中定义了两个局部变量"选手号"和"显示码"，这两个局部变量即子程序的参数。"选手号"

是输入变量 IN，"显示码"是输出变量 OUT，数据类型都是字节。系统对两个变量自动分配局部存储器地址，地址分别为 LB0 和 LB1。

	符号	变量类型	数据类型	注释
	EN	IN	BOOL	
LB0	选手号	IN	BYTE	
		IN		
		IN_OUT		
LB1	显示码	OUT	BYTE	
		OUT		
		TEMP		

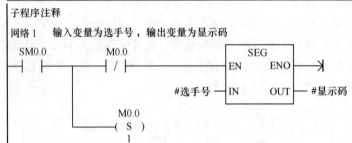

图 5-40　5 人智力竞赛抢答器带参数的子程序和局部变量表

在子程序中输出参数使用了局部变量"显示码"，而未使用绝对地址 QB0，这样做的优点是稍加修改，就可以将该子程序移植到别的项目中去。

子程序参数名称前的"#"号表示该参数是局部变量，"#"号可由程序自动加入。

常数和地址不能作为输出变量或输入_输出变量。

子程序的参数是形式参数，并不是具体的数值或者变量地址，而是以符号定义的参数，这些参数在调用子程序时被实际的数据代替。一个子程序最多可以传递 16 个参数。

系统保留局部变量存储器 L 内存的 4 个字节（LB60～LB63），用于调用参数。

带参数的子程序在每次调用时可以对不同的变量、数据进行相同的运算、处理，以提高程序编辑和执行的效率，节省程序存储空间。

3. 智力竞赛抢答器主程序

在主程序中网络 2～网络 6 均调用子程序 SBR_0，如图 5-41 所示。子程序 SBR_0 带两个参数，一个参数是选手号，需要根据选手实际号码填入；另一个参数是显示码的输出地址，均为 QB0。

4. 操作步骤

（1）按图 5-36 所示连接 5 人智力竞赛抢答器控制电路。

（2）将如图 5-40 所示子程序和如图 5-41 所示主程序下载到 PLC。

（3）主持人复位。当主持人按下复位按钮 SB1 时，数码管显示 0，开始抢答。

（4）选手抢答。当某参赛选手抢先按下抢答按钮时，数码管由只显示该选手的代码，后按下按钮者无效。

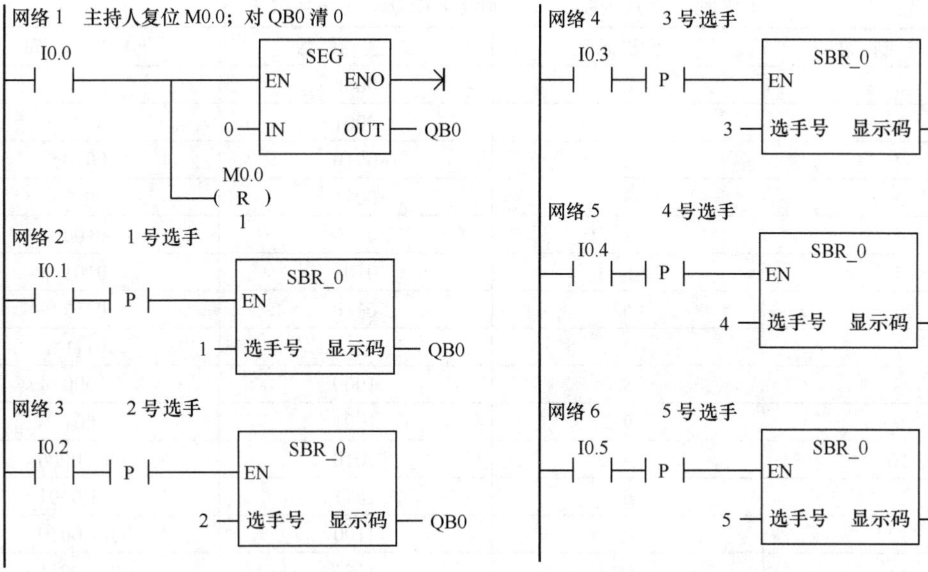

网络1　主持人复位 M0.0；对 QB0 清 0

```
I0.0
─┤ ├─────┬──────────────┐
         │    ┌──SEG──┐  │
         │    EN   ENO├──( )
         │  0─IN  OUT ├── QB0
         │    └───────┘
         │
         │    M0.0
         └───( R )
               1
```

网络2　1号选手

```
I0.1
─┤ ├─┤P├────┐
            │  ┌──SBR_0──┐
            │  EN        │
          1─┤选手号 显示码├── QB0
            │  └─────────┘
```

网络3　2号选手

```
I0.2
─┤ ├─┤P├────┐
            │  ┌──SBR_0──┐
            │  EN        │
          2─┤选手号 显示码├── QB0
            │  └─────────┘
```

网络4　3号选手

```
I0.3
─┤ ├─┤P├────┐
            │  ┌──SBR_0──┐
            │  EN        │
          3─┤选手号 显示码├── QB0
            │  └─────────┘
```

网络5　4号选手

```
I0.4
─┤ ├─┤P├────┐
            │  ┌──SBR_0──┐
            │  EN        │
          4─┤选手号 显示码├── QB0
            │  └─────────┘
```

网络6　5号选手

```
I0.5
─┤ ├─┤P├────┐
            │  ┌──SBR_0──┐
            │  EN        │
          5─┤选手号 显示码├── QB0
            │  └─────────┘
```

图 5-41　5 人智力竞赛抢答器主程序

5.11 多位数码显示及应用

5.11.1　BCD 码转换指令 IBCD

1. 8421BCD 编码

当显示的数码不止 1 位时，就要并列使用多个数码管。以 2 位数码显示为例，可以显示的十进制数范围是 0~99。

在 PLC 中，数据都是以二进制格式存储，如果直接使用 SEG 指令对数据进行十进制编码，则会出现差错。例如，十进制数 21 的二进制存储格式是 0001 0101，对高 4 位使用 SEG 指令编码，则得到"1"的七段显示码；对低 4 位使用 SEG 指令编码，则得到"5"的七段显示码，显示的是十六进制数码"15"，而不是十进制数码"21"。显然，要想显示"21"，就要先将二进制数 0001 0101 转换成反映十进制进位关系（即逢十进一）的代码 0010 0001，然后对高 4 位"2"和低 4 位"1"分别用 SEG 指令编出七段显示码。

这种用二进制形式反映十进制数码的代码称为 BCD 码，其中最常用的是 8421BCD 码，它是用 4 位二进制数来表示 1 位十进制数码，该代码从高位至低位的权分别是 8、4、2、1，故称为 8421BCD 码。十进制数、十六进制数、二进制数与 8421BCD 码的转换关系见表 5-28。

表 5-28　　　　十进制、十六进制、二进制与 8421BCD 码转换关系

十 进 制 数	十六进制数	二 进 制 数	8421BCD 码
0	0	0000	0000
1	1	0001	0001
2	2	0010	0010
3	3	0011	0011
4	4	0100	0100
5	5	0101	0101
6	6	0110	0110
7	7	0111	0111
8	8	1000	1000
9	9	1001	1001
10	A	1010	0001 0000
11	B	1011	0001 0001
12	C	1100	0001 0010
13	D	1101	0001 0011
14	E	1110	0001 0100
15	F	1111	0001 0101
16	10	1 0000	0001 0110
17	11	1 0001	0001 0111
20	14	1 0100	0010 0000
258	102	1 0000 0010	0010 0101 1000

从表 5-28 中可以看出，8421BCD 码从低位起每 4 位为一组，高位不足 4 位补 0，每组表示 1 位十进制数码。8421BCD 码与二进制数的表面形式相同，但概念完全不同，虽然在一组 8421BCD 码中，每位的进位也是二进制，但组与组之间的进位则是十进制。

2. BCD 码转换指令 IBCD

要想正确地显示十进制数码，必须先用 BCD 码转换指令 IBCD 将二进制的数据转换成 8421BCD 码，再利用 SEG 指令编成七段显示码。

BCD 码转换指令 IBCD 的梯形图、指令表等指令格式见表 5-29。

表 5-29　　　　　　　　　　　　IBCD 指令

梯 形 图	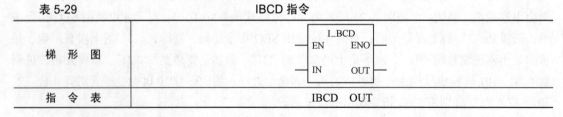
指 令 表	IBCD　OUT

IBCD 转换指令说明如下。

（1）IN 为要转换的源操作数（0～9 999），OUT 为存储 BCD 码的目标操作数。

（2）IBCD 指令是将源操作数的数据转换成 8421BCD 码并存入目标操作数中。在目标操作数中每 4 位表示 1 位十进制数，从低至高分别表示个位、十位、百位、千位。

IBCD 指令的应用举例如图 5-42 所示。当 I0.0 接通时，先将 5 028 存入 VW0，然后将（VW0）= 5 028 编为 BCD 码输出到 QW0。

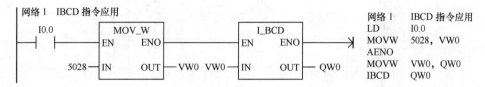

图 5-42　BCD 转换指令 IBCD 应用举例

从如图 5-43 所示存储单元数据可以看出，VW0 中存储的二进制数据与 QW0 中存储的 BCD 码完全不同。QW0 以 4 位 BCD 码为 1 组，从高至低分别是十进数 5、0、2、8 的 BCD 码。

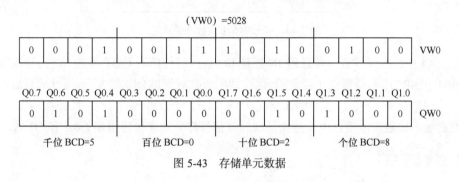

图 5-43　存储单元数据

5.11.2　实习操作：停车场空车位数码显示

1. 控制要求

某停车场最多可停 50 辆车，用两位数码管显示空车位的数量。用出/入传感器检测进出停车场的车辆数目，每进一辆车停车场空车位的数量减 1，每出一辆车空车位的数量增 1。空车位的数量大于 5 时，入口处绿灯亮，允许入场；等于和小于 5 时，绿灯闪烁，提醒待进场车辆将满场；等于 0 时，红灯亮，禁止车辆入场。

2. 控制电路

用 PLC 控制的停车场空车位数码显示电路如图 5-44 所示，输入/输出端口分配见表 5-30。

表 5-30　　　　　　　　　　　　　　　　输入/输出端口分配表

输 入 端 口			输 出 端 口	
输入继电器	输入元件	作用	输出继电器	控制对象
I0.0	入口传感器 IN	检测进场车辆	Q0.6～Q0.0	个位数码显示
	SB1	手动调整	Q0.7	绿灯，允许信号
I0.1	出口传感器 OUT	检测出场车辆	Q1.6～Q1.0	十位数码显示
	SB2	手动调整	Q1.7	红灯，禁止信号

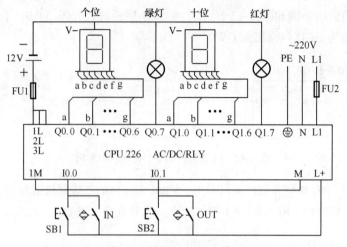

图 5-44　停车场空车位数码显示电路

在图 5-44 中，两线式入口传感器 IN 连接 I0.0，出口传感器 OUT 连接 I0.1，与传感器并联的按钮 SB1 和 SB2 用来调整空车位数量。两位共阴极数码管的公共端 V–连接外部直流电源 12V 的负极，个位数码管 a～g 段连接输出端 Q0.0～Q0.6，十位数码管 a～g 段连接输出端 Q1.0～Q1.6，数码管各段限流电阻已内部连接。绿、红信号灯分别连接输出端 Q0.7 和 Q1.7。

3. 控制程序

程序梯形图如图 5-45 所示。

程序网络 1，初始化脉冲 SM0.1 设置空车位数量初值为 50。

程序网络 2，每进 1 车，空车位数量减 1。

程序网络 3，通过比较和传送指令使空车位数量不出现负数。

程序网络 4，每出 1 车，空车位数量加 1。

程序网络 5，将空车位数量转换为 BCD 码存储于 VW10 的低位字节 VB11，其中个位码存储于低 4 位，十位码存储于高 4 位；将 VB11 的低 4 位 BCD 码转换为七段显示码送 QB0 显示；通过除以 16 的运算，使 VB11 的高 4 位右移 4 位至低 4 位，然后转换为七段显示码送 QB1 显示。

程序网络 6，当十位 BCD 码为 0 时，Q1.0～Q1.6 复位，不显示十位 "0"。

程序网络 7，当空车位数量大于 5 时，绿灯常亮；当空车位数量大于 0 且小于等于 5 时，绿灯闪烁。

程序网络 8，当空车位数量等于 0 时，红灯亮。

4. 操作步骤

（1）按图 5-44 所示连接停车场空车位数码显示电路。

（2）将如图 5-45 所示程序下载到 PLC。

（3）开机。当 PLC 程序运转（RUN）时，数码管显示空车位数量 50，绿灯常亮。

（4）模拟进车。当按下按钮 SB1 时，空车位数量减 1。

（5）模拟出车。当按下按钮 SB2 时，空车位数量增 1。

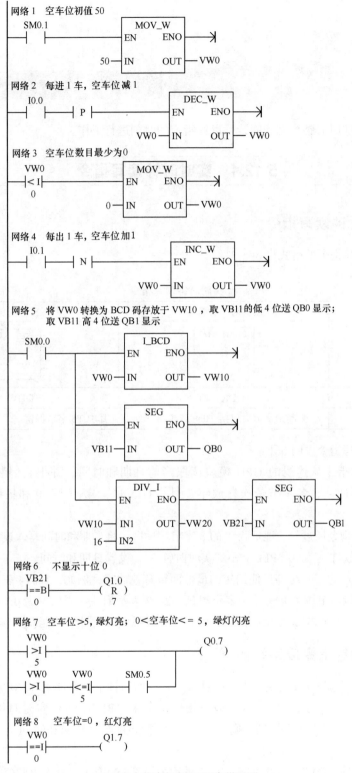

图 5-45 停车场 PLC 程序梯形图

（6）当空车位数量等于或小于 5 时，绿灯由常亮变为闪烁。

（7）当空车位数量等于 0 时，红灯亮。

5.12 时钟指令及应用

S7-200 具有实时时钟控制功能，可以在指定的时刻进行工作。

5.12.1 实时时钟读写指令

1. 实时时钟读写指令

实时时钟读写指令的格式见表 5-31。

表 5-31　　　　　　　　　　　　实时时钟读写指令

项　目	读实时时钟指令	写实时时钟指令
梯形图	READ_RTC EN　ENO T	SET_RTC EN　ENO T
指令表	TODR　T	TODW　T
参数说明	T 为起始字节，包括 T0~T7 共 8 个字节，其中 T6 字节保留	

实时时钟读写指令说明如下。

（1）TODR 指令从连线的 CPU 模块读取当前日期和时间，并把它们装入以 T 为起始地址的 8 字节缓冲区，各字节依次存放年、月、日、时、分、秒、0 和星期，数据格式为 8421BCD 码。

（2）TODW 指令通过起始地址为 T 的 8 字节缓冲区，将日期和时间写入连线的 CPU 模块。也可以单击编程软件主菜单"PLC"→"实时时钟…"，设置日期和时间。

（3）CPU 模块的实时时钟只使用年的最低两位有效数字，例如，16#14 表示 2014 年。

（4）星期的取值范围为 0~7，1 表示周日，2~7 表示周一~周六，为 0 时禁止星期。

（5）CPU 221 和 CPU 222 没有内置时钟，需要外插实时时钟卡才能获得实时时钟功能。

2. 实时时钟指令应用举例

【例题 5.8】　设置 CPU 模块的实时时钟，并将实时时钟信息存储至 VB100~VB107。

【解】　（1）连线 CPU 226，单击编程软件主菜单"PLC"→"实时时钟…"，点击"读取 PC"按钮，点击"设置"按钮，则读取计算机系统的当前日期和时间至 PLC，如图 5-46 所示。

（2）将实时时钟信息装入 VB100~VB107 的程序如图 5-47 所示，状态表监控值如图 5-48 所示，VB100~VB107 分别存放当前年、月、日、时、分、秒、0 和星期信息。例如，（VD100）=16# 14101415 表示当前时钟信息为 2014 年 10 月 14 日 15 时，（VW103）=16#1538 表示当前时间为 15 时 38 分。

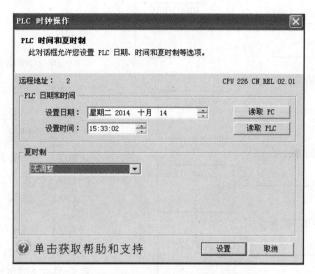

图 5-46　设置 CPU 226 的实时时钟

网络 1　读取实时时钟信息

图 5-47　例题 5.8 程序

	地址	格式	当前值
1	VB100	十六进制	16#14
2	VB101	十六进制	16#10
3	VB102	十六进制	16#14
4	VB103	十六进制	16#15
5	VB104	十六进制	16#38
6	VB105	十六进制	16#20
7	VB106	十六进制	16#00
8	VB107	十六进制	16#03
9	VD100	十六进制	16#14101415
10	VW103	十六进制	16#1538

图 5-48　状态表监控值

【例题 5.9】　某单位作息响铃时间分别为 8:00，11:50，14:20，18:30，周六、周日不响铃。试编写控制程序。

【解】　设电铃连接 PLC 输出端口 Q0.0，每次响铃时间 6s。将 6s 延时控制和线圈输出编写为子程序 SBR_0，如图 5-49 所示。主程序如图 5-50 所示，当达到响铃时间时主程序调用子程序。因为最小控制时间为秒，所以读取实时时钟信息使用秒脉冲信号 SM0.5 和脉冲上升沿指令 EU，每秒钟读取一次时钟信息，时钟信息存储在 VB100 起始的 8 个字节中。

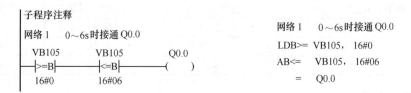

图 5-49　例题 5.9 子程序

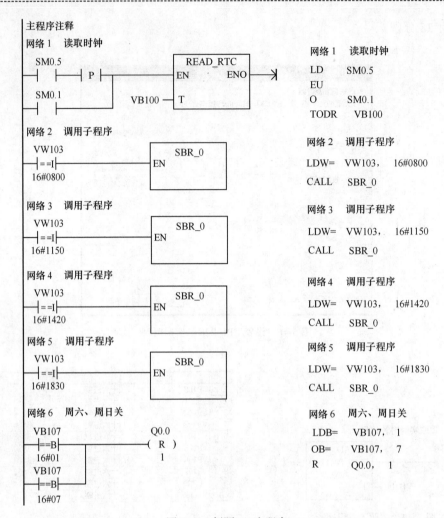

图 5-50　例题 5.9 主程序

5.12.2　实习操作：马路照明灯定时控制

1. 控制要求

设马路照明灯（若干个）由接在 PLC 输出端口 Q0.0 和 Q0.1 的接触器各控制一半，不同季节开关灯时间见表 5-32。

表 5-32　　　　　　　　　　　　马路照明灯开关灯时间

季节（月份）	全开灯时间	关一半灯时间	全关灯时间
夏季（6～8 月）	19:00	00:00	06:00
冬季（12～翌年 2 月）	17:10	00:00	07:10
春秋季（3～5 月、9～11 月）	18:10	00:00	06:30

2. 控制电路

马路照明灯（若干个）控制电路如图 5-51 所示。

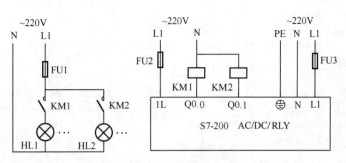

图 5-51 马路照明灯控制电路

3. 控制程序

（1）子程序。马路照明灯子程序局部变量表和子程序如图 5-52 所示。

	符号	变量类型	数据类型	注释
	EN	IN	BOOL	
LB0	开灯	IN	WORD	傍晚全开灯时间
LB1	关灯	IN	WORD	早上全关灯时间
		IN_OUT		
		OUT		
		OUT		
		TEMP		

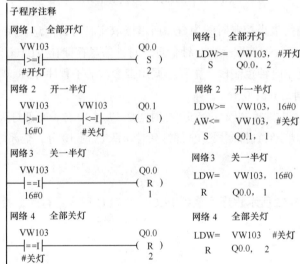

图 5-52 马路照明灯子程序局部变量表与子程序

在子程序局部变量表中设置了两个输入变量"开灯"和"关灯"，数据类型为 WORD。

子程序网络 1，当到达开灯时刻时，Q0.0 和 Q0.1 置位，全部灯亮。

子程序网络 2，保证 PLC 断电后重新来电时在规定的亮灯时间段内一半灯亮。

子程序网络 3，当到达次日 0 时 0 分时，Q0.0 复位，只有一半灯亮。

子程序网络 4，当到达次日关灯时刻时，Q0.0 和 Q0.1 复位，全部灯灭。

（2）主程序。马路照明灯主程序如图 5-53 所示。

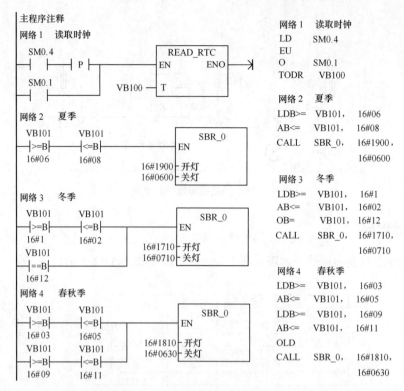

主程序注释
网络1 读取时钟

网络2 夏季

网络3 冬季

网络4 春秋季

网络1 读取时钟
LD   SM0.4
EU
O   SM0.1
TODR   VB100

网络2 夏季
LDB>= VB101,   16#06
AB<=   VB101,   16#08
CALL   SBR_0,   16#1900,
                16#0600

网络3 冬季
LDB>= VB101,   16#1
AB<=   VB101,   16#02
OB=   VB101,   16#12
CALL   SBR_0,   16#1710,
                16#0710

网络4 春秋季
LDB>= VB101,   16#03
AB<=   VB101,   16#05
LDB>= VB101,   16#09
AB<=   VB101,   16#11
OLD
CALL   SBR_0,   16#1810,
                16#0630

图 5-53　马路照明灯控制主程序

主程序网络 1，因为最小控制时间为分，所以读取实时时钟信息使用分脉冲信号 SM0.4 和脉冲上升沿指令 EU，每分钟读取一次时钟信息，时钟信息存储在 VB100 起始的 8 个字节中。

主程序网络 2，夏季时钟控制段。主程序调用带参数的子程序 SBR_0，全部灯亮时间是 19时 0 分，全部灯灭时间是 6 时 0 分。

主程序网络 3，冬季时钟控制段。全部灯亮时间是 17 时 10 分，全部灯灭时间是 7 时 10 分。

主程序网络 4，春秋季时钟控制段。全部灯亮时间是 18 时 10 分，全部灯灭时间是 6 时 30 分。

4. 操作步骤

将如图 5-52、图 5-53 所示程序下载到 PLC，当 PLC 程序运行时，按指定的时间控制马路照明灯亮灯或灭灯。

练习题

1. 分别写出输出继电器 QD0 所包含的字元件、字节元件和位元件的地址。
2. 执行数据传送指令后，源操作数和目标操作数各发生怎样的变化？
3. 试编写初始化程序将 MB0 清零，MB10 状态设置为 2#0110 1001。
4. 设有 8 盏指示灯，控制要求是：当 I0.0 接通时，全部灯亮；当 I0.1 接通时，1～4 盏灯亮；当 I0.2 接通时，5～8 盏灯亮；当 I0.3 接通时，全部灯灭。试设计控制电路和用数据传送指令编写程序。

5. 应用跳转指令，设计一个既能点动控制、又能自锁控制的电动机控制程序。设 I0.0 = ON 时实现电动机点动控制，I0.0 = OFF 时电动机实现自锁控制。

6. 整数 +5 与 − 5 做 ADD 运算后，标志位 SM1.0 的状态是什么（0 或 1）？

7. 设某数据为 2#1011 0100，做乘 2 运算后，运算结果是多少？

8. 设某数据为 2#1011 0100，做除以 8 运算后，运算结果是多少？

9. 设计一个程序，将 85 传送到 VW0，23 传送到 VW10，并完成以下操作。

（1）求 VW0 与 VW10 的和，结果送到 VW20 存储。

（2）求 VW0 与 VW10 的差，结果送到 VW30 存储。

（3）求 VW0 与 VW10 的积，结果送到 VW40 存储。

（4）求 VW0 与 VW10 的余数和商，结果送到 VW50、VW52 存储。

10. PLC 模拟电位器的数值变化范围是多少？

11. 要求 I0.0 接通后延时控制 Q0.0 状态 ON，延时时间范围为 50～100s，用模拟电位器 0 进行调节，试编写程序。

12. 某设备用模拟电位器 1 调节程序运行参数，调节范围为 400～500，试编写程序。

13. 在比较指令中符号 "= =、< >、<、<=、>、>=" 分别表示什么类型的比较条件？

14. 某生产线有 3 台电动机，要求按下启动按钮后，第 1 台电动机延时 5s 启动，第 2 台电动机延时 15s 启动，第 3 台电动机延时 100s 启动，试用比较指令编写启动控制程序。

15. 用加 1/减 1 指令调整 VW0 的状态。要求 VW0 的初始状态为 0，调整范围为 0～9，输入信号为 I0.0 和 I0.1。试编写程序。

16. 设计一个程序，将 16#85 传送到 VB0，16#23 传送到 VB10，并完成以下操作。

（1）求 VB0 与 VB10 的逻辑 "与"，结果送 VB20 存储。

（2）求 VB0 与 VB10 的逻辑 "或"，结果送 VB30 存储。

（3）将 VB0 逻辑 "取反"，结果送 VB40 存储。

17. 应用子程序指令设计电动机点动/自锁控制程序。要求 I0.3 状态 ON 时点动控制，状态 OFF 时自锁控制。I0.0 连接热继电器，I0.1 连接停止按钮，I0.2 连接启动按钮，I0.3 连接选择开关。

18. 使用循环指令求 0 + 1 + 2 + 3 + ... + 50 的和。

19. 应用七段编码指令 SEG 设计一个用数码显示的 6 人智力竞赛抢答器。

20. 设（VW0）= 3 498，将 VW0 中的数据编为 8421BCD 码后存储到 VW10 中，并将该数据的千位、百位、十位、个位的七段显示码分别存储到 VB20、VB21、VB22、VB23 中。

21. 某生产线的工件班产量为 80，用 2 位数码管显示工件数量。用接入 I0.0 端口的传感器检测工件数量，工件数量小于 75 时，绿灯亮；等于和大于 75 时，绿灯闪烁；等于 80 时，红灯亮，生产线自动停机。启动/停止按钮连接 I0.1/I0.2 端口，生产线控制连接 Q0.0 端口，红/绿灯连接 Q0.1/Q0.2 端口。试设计 PLC 控制电路和编写控制程序。

22. 将当前的时钟信息写入连线的 CPU 模块。

23. 编写本单位（学校）作息时间控制程序。

第6章

中断与高速计数器

所谓中断就是当 CPU 执行正常程序时，系统中出现了某些急需处理的事件，这时 CPU 暂时中断正在执行的程序，转而去对随机发生的更紧急事件进行处理（称为执行中断服务程序），当该事件处理完毕后，CPU 自动返回原来被中断的程序继续执行。执行中断服务程序前后，系统会自动保护被中断程序的运行环境，不会造成混乱。

6.1 中断指令及应用

6.1.1 中断指令

中断指令的梯形图、指令表等指令属性见表 6-1。

表 6-1   中断指令

项　目	中断连接指令	中断允许指令	中断分离指令	中断禁止指令
梯形图	ATCH EN　　ENO INT EVNT	—(ENI)	DTCH EN　　ENO EVNT	—(DISI)
指令表	ATCH　INT, EVNT	ENI	DTCH　EVNT	DISI
描　述	把一个中断事件 EVNT 和一个中断程序 INT 连接起来	全局允许中断	切断一个中断事件 EVNT 与中断程序的联系，并禁止该中断事件	全局禁止中断
操作数	中断事件 EVNT：0~33		中断程序 INT：0~127	

对中断指令说明如下。

（1）中断事件 EVNT 编号为 0~33，即有 34 个可以申请中断的中断源；中断程序 INT 编号为 0～127，即允许有 128 个中断程序。中断源与中断程序通过中断连接指令 ATCH 相连接。

（2）程序开始运行时，CPU 默认禁止所有中断。如果执行了中断允许指令 ENI，则允许所有中断，即全局允许中断。

（3）执行中断分离指令 DTCH 时，只禁止某个事件与中断程序的连接；而执行中断禁止指令 DISI 时，则禁止所有中断。

（4）多个中断事件可以调用同一个中断程序，但一个中断事件不能同时调用多个中断程序。

（5）编程软件自动地为各中断程序添加无条件返回指令。

（6）在编程软件的程序块中默认有一个中断程序 INT_0，还可以创建更多的中断程序。在程序编辑界面单击鼠标右键，点击"插入"→"中断程序"图标，创建成功后将显示新的中断程序标签，并且系统自动为新的中断程序编号。

6.1.2 中断事件

S7-200 支持 3 类中断事件：通信端口中断、I/O 中断和定时中断，见表 6-2。不同的中断事件具有不同的级别，中断程序执行过程中发生的其他中断事件不会影响它的执行，即任何时刻只能执行一个中断程序。一旦中断程序开始执行，它就要一直执行直到完成，即使另一程序的优先级较高，也不能中断正在执行的中断程序，而是按照优先级和发生的时序排队。队列中优先级高的中断事件首先得到处理，优先级相同的中断事件先到先处理。

表 6-2　　　　　　　　　　　　　中断事件 EVNT 描述

中断源编号	中 断 描 述	优先级分组	组中优先级
8	通信端口 0：接收字符	通信（最高）	0
9	通信端口 0：发送完成		0
23	通信端口 0：接收信息完成		0
24	通信端口 1：接收信息完成		1
25	通信端口 1：接收字符		1
26	通信端口 1：发送完成		1
19	PTO 0 完成中断	I/O（中等）	0
20	PTO 1 完成中断		1
0	上升沿，I0.0		2
2	上升沿，I0.1		3
4	上升沿，I0.2		4
6	上升沿，I0.3		5
1	下降沿，I0.0		6
3	下降沿，I0.1		7
5	下降沿，I0.2		8
7	下降沿，I0.3		9
12	HSC0　CV=PV（当前值=预置值）		10
27	HSC0 输入方向改变		11
28	HSC0 外部复位		12

续表

中断源编号	中断描述	优先级分组	组中优先级
13	HSC1　CV=PV（当前值=预置值）	I/O（中等）	13
14	HSC1 输入方向改变		14
15	HSC1 外部复位		15
16	HSC2　CV=PV（当前值=预置值）		16
17	HSC2 输入方向改变		17
18	HSC2 外部复位		18
32	HSC3　CV=PV（当前值=预置值）		19
29	HSC4　CV=PV（当前值=预置值）		20
30	HSC4 输入方向改变		21
31	HSC4 外部复位		22
33	HSC5　CV=PV（当前值=预置值）		23
10	定时中断 0，SMB34 定义时间间隔（ms）	定时（最低）	0
11	定时中断 1，SMB35 定义时间间隔（ms）		1
21	定时器 T32　CT=PT 中断		2
22	定时器 T96　CT=PT 中断		3

6.1.3　立即指令

立即指令的属性见表 6-3。

表 6-3　　　　　　　　　　　　立即指令

指令	梯形图	指令表	逻辑功能	操作数
立即输入	bit　　　bit —┤ I ├—　—┤ /I ├—	LDI、AI、OI、LDNI、ANI、ONI	立即读入物理输入点的值，根据该值决定触点的状态，但不更新输入过程映像寄存器	I
立即输出	bit —(I)	=I　bit	将新值立即写入物理输出位和对应的过程映像寄存器	Q
立即置位	bit —(SI) N	SI　bit, N	将从 bit 开始的 N 个元件立即置 1 并保持，新值同时写入物理输出和过程映像区	Q N=1~255
立即复位	bit —(RI) N	RI　bit, N	将从 bit 开始的 N 个元件立即清 0 并保持，新值同时写入物理输出和过程映像区	
字节立即读	MOV_BIR EN　　ENO IN　　OUT	BIR　IN, OUT	读物理输入 IN，并将结果写入内存地址 OUT，但过程映像区未更新	IN 限 IB，OUT 为各类存储器
字节立即写	MOV_BIW EN　　ENO IN　　OUT	BIW　IN, OUT	从内存地址 IN 中读取数据，写入物理输出 OUT，同时写入过程映像区	IN 为各类存储器，OUT 限 QB

立即输出指令"=I"表示将新值立即写入输出继电器。这与输出指令"="不同,输出指令仅将新值写入输出过程映像寄存器,在扫描周期的写输出阶段,才将输出过程映像寄存器中的值复制到输出继电器。两者不同点在于,立即输出指令没有时间延迟,而输出指令有近似扫描周期的时间延迟。其他立即指令的原理类似。

6.1.4　I/O 中断的应用

【例题 6.1】　(1)在输入端 I0.0 的上升沿(中断事件 0)通过中断使 Q0.0 立即置位。(2)在输入端 I0.1 的下降沿(中断事件 3)通过中断使 Q0.0 立即复位。

【解】　程序如图 6-1 所示。在主程序网络 1 中,将中断事件 0 与中断程序 INT_0 连接起来,将中断事件 3 与中断程序 INT_1 连接起来,全局允许中断。

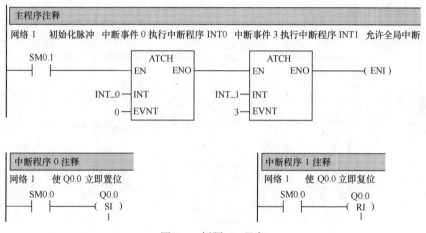

图 6-1　例题 6.1 程序

在中断程序 INT_0 中,用立即置位指令"SI"将 Q0.0 置位。在中断程序 INT_1 中,用立即复位指令"RI"将 Q0.0 复位。

6.1.5　定时中断的应用

定时中断 0 和定时中断 1 的时间间隔分别写入特殊存储器字节 SMB34 和 SMB35,以 1ms 为增量,周期为 1~255ms。每当定时时间到时,执行相应的中断程序。

【例题 6.2】　用定时中断 0 实现周期为 1s 的定时,并在 QB0 端口以输出数据每秒加 1 的形式输出。

【解】　程序如图 6-2 所示。在主程序网络 1 中,初始化脉冲将中断次数计数器 VB0 清 0,定时时间间隔 250ms 写入 SMB34,将中断事件 10 与中断程序 INT_0 连接起来,全局允许中断。

在中断程序网络 1 中,每产生 1 次中断时,VB0 加 1。在中断程序网络 2 中,当中断 4 次时(VB0=4,250ms×4=1s),VB0 清 0,QB0 加 1。

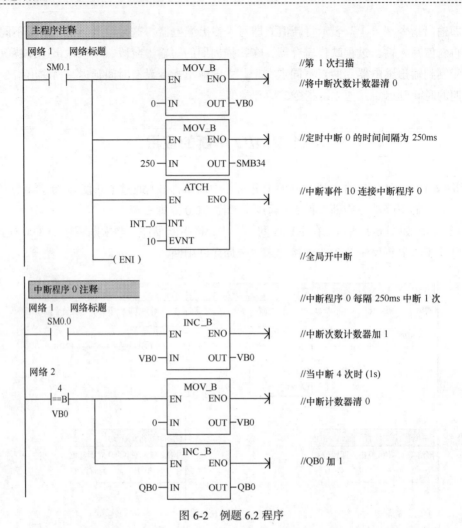

图 6-2 例题 6.2 程序

6.2 高速计数器及应用

一般情况下,PLC 的普通计数器只能接收频率很低的脉冲信号,其原因有两点:一是与 PLC 输入端连接的按钮开关的簧片,在接通瞬间会产生连续的抖动信号。为了消除抖动信号的影响,PLC 的系统程序为输入端设置了一定的延迟时间(默认 6.4ms,可重新设定);二是由于 PLC 的周期性扫描工作方式的影响,CPU 只在每一个扫描周期的读输入阶段捕捉脉冲信号。因此,当被测信号的频率较高时,会丢失部分脉冲。

在实际生产中高频信号很多,例如,常见机械设备的主轴转速可高达每分钟上千转,PLC 可能需要测量主轴的转速。为此,S7-200 专门设置了 6 个 32 位双向高速计数器 HSC0～HSC5(CPU221、CPU222 没有 HSC1 和 HSC2)。高速计数器采用中断模式工作,不受输入端延迟时间和程序扫描周期的影响,最高单相计数频率可达 30kHz。

6.2.1　高速计数器指令与工作模式

1.　高速计数器指令

高速计数器定义指令和高速计数器启动指令的格式见表 6-4。

表 6-4　　　　　　　　　　高速计数器指令

项　　目	高速计数器定义指令	高速计数器启动指令
梯形图	EN　　ENO HDEF MODE	HSC EN　　ENO N
指令表	HDEF　HSC, MODE	HSC　N
操作数范围	HSC: 0~5;　　MODE: 0~11	N: 0~5

对高速计数器指令说明如下。

（1）高速计数器定义指令 HDEF 用于高速计数器指定编号和工作模式。

（2）高速计数器启动指令 HSC 用于启动编号为 N 的高速计数器进入计数状态。

（3）高速计数器工作模式（MODE）有 12 种，分别为模式 0~模式 11，工作模式决定了高速计数器信号输入端功能、计数增/减方向、高速计数器启动或复位功能。

2.　高速计数器工作模式

高速计数器可以分别定义为 4 种类型：带有内部增/减方向控制的单相计数器；带有外部增/减方向控制的单相计数器；带有增/减脉冲信号输入的双相计数器；A/B 相正交计数器。高速计数器的工作模式及对应的输入端见表 6-5。

表 6-5　　　　　　　　高速计数器的工作模式及对应的输入端

HSC 类型	HSC 编号或模式	输　入　端			
HSC 端子分类	HSC0	I0.0	I0.1	I0.2	
	HSC1	I0.6	I0.7	I1.0	I1.1
	HSC2	I1.2	I1.3	I1.4	I1.5
	HSC3	I0.1			
	HSC4	I0.3	I0.4	I0.5	
	HSC5	I0.4			
带有内部方向控制的单相计数器	模式 0	脉冲			
	模式 1	脉冲		复位	
	模式 2	脉冲		复位	启动
带有外部方向控制的单相计数器	模式 3	脉冲	方向		
	模式 4	脉冲	方向	复位	
	模式 5	脉冲	方向	复位	启动

续表

HSC 类型	HSC 编号或模式	输　入　端			
带有增/减脉冲信号的双相计数器	模式 6	增脉冲	减脉冲		
	模式 7	增脉冲	减脉冲	复位	
	模式 8	增脉冲	减脉冲	复位	启动
A/B 相正交计数器	模式 9	A 脉冲	B 脉冲		
	模式 10	A 脉冲	B 脉冲	复位	
	模式 11	A 脉冲	B 脉冲	复位	启动

为了适应不同的控制要求，除脉冲信号输入端外，高速计数器还配有外部启动输入端和外部复位输入端，其有效电平可设置为高电平有效或低电平有效。当激活外部复位输入端时，计数器清除当前值，并一直保持到复位端失效；当激活外部启动输入端时，高速计数器开始计数；当启动端失效时，高速计数器当前值保持为常数，并忽略计数脉冲。

根据有无外部复位输入和外部启动输入，每种类型的高速计数器又可以细分为：无复位且无启动输入；有复位但无启动输入；有复位且有启动输入 3 种类型。

在使用高速计数器时，同一个输入端不能同时用于两个高速计数器，但是任何一个没有被高速计数器的当前模式使用的输入端，都可以用作其他用途。例如，如果 HSC0 正被用于模式 1，它占用 I0.0（计数脉冲输入）和 I0.2（外部复位输入），则 I0.1 可以被其他高速计数器使用。

3. 设置高速计数器控制字节

控制字节用来设置高速计数器的工作方式，例如，控制字节的最高位为 0 表示禁止使用高速计数器，为 1 表示允许使用高速计数器；控制字节的次高位为 0 表示不更新初始值，为 1 表示更新初始值。6 个高速计数器拥有各自的控制字节，见表 6-6。

表 6-6　　　　　　　　　　　　　高速计数器控制字节

HSC0	HSC1	HSC2	HSC3	HSC4	HSC5	描　述
SM37.0	SM47.0	SM57.0	—	SM147.0	—	复位有效电平控制位：0=复位高电平有效；1=复位低电平有效
—	SM47.1	SM57.1	—	—	—	启动有效电平控制位：0=启动高电平有效；1=启动低电平有效
SM37.2	SM47.2	SM57.2	—	SM147.2	—	正交计数器计数速率选择：0=4×计数率；1=1×计数率
SM37.3	SM47.3	SM57.3	SM137.3	SM147.3	SM157.3	计数方向控制位：0=减计数；1=增计数
SM37.4	SM47.4	SM57.4	SM137.4	SM147.4	SM157.4	向 HSC 写入计数方向：0=不更新；1=更新计数方向
SM37.5	SM47.5	SM57.5	SM137.5	SM147.5	SM157.5	向 HSC 写入预置值：0=不更新；1=更新预置值

续表

HSC0	HSC1	HSC2	HSC3	HSC4	HSC5	描　述
SM37.6	SM47.6	SM57.6	SM137.6	SM147.6	SM157.6	向 HSC 写入新的初始值： 0=不更新；1=更新初始值
SM37.7	SM47.7	SM57.7	SM137.7	SM147.7	SM157.7	HSC 允许： 0 = 禁止 HSC；1 = 允许 HSC

4. 高速计数器初始值、预置值及当前值存储单元

每个高速计数器都有一个 32 位初始值特殊存储器和一个 32 位预置值特殊存储器，数值均为有符号整数。初始值是高速计数器计数的起始值，预置值是高速计数器计数的目标值。每个高速计数器还有一个以存储器类型 HC 加上高速计数器编号 0～5 构成的 32 位存储单元，用于存储高速计数器的当前值。高速计数器的初始值、预置值和当前值存储单元地址见表 6-7，例如，HSC0 的初始值、预置值和当前值存储单元地址分别是 SMD38、SMD42 和 HC0。

表 6-7　　　　　　　　　高速计数器初始值、预置值及当前值存储单元地址

高速计数器	HSC0	HSC1	HSC2	HSC3	HSC4	HSC5
初始值地址	SMD38	SMD48	SMD58	SMD138	SMD148	SMD158
预置值地址	SMD42	SMD52	SMD62	SMD142	SMD152	SMD162
当前值地址	HC0	HC1	HC2	HC3	HC4	HC5

6.2.2　使用高速计数器的计数控制

1. 控制要求和控制电路

使用高速计数器 HSC0（模式 1）对脉冲信号计数，当计数值等于 50 时输出端 Q0.0 立即置位，当按下复位按钮时 Q0.0 立即复位。控制电路如图 6-3 所示，系统自动分配 I0.0、I0.2 为 HSC0 的脉冲信号输入端和外部复位端。

2. 使用高速计数器指令向导

STEP 7-Micro/WIN V4.0 软件提供了高速计数器指令向导，使用向导来完成高速计数器的编程既简单方便，又不容

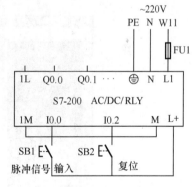

图 6-3　高速计数器控制电路

易出错。单击软件菜单栏中"工具"→"指令向导"，在出现的"指令向导"界面选择"HSC"，单击"下一步"按钮，如图 6-4 所示。

在"HSC 指令向导"界面选择"HSC0"和"模式 1"，单击"下一步"按钮，如图 6-5 所示。

在"HSC 指令向导"界面默认高速计数器 HC0 的初始化子程序名称为"HSC_INIT"，在预置值栏输入"+50"，默认当前值栏为"0"，默认计数方向为"增"和复位输入电平"高"有效，单击"下一步"按钮，如图 6-6 所示。

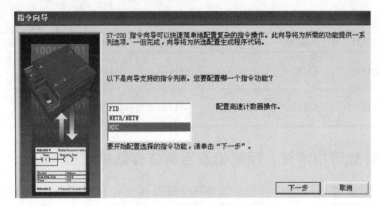

图 6-4　选择高速计数器指令向导

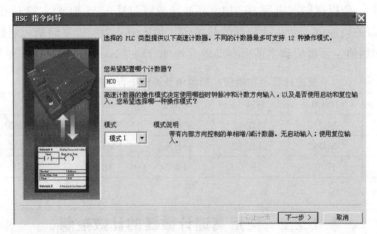

图 6-5　选择 HC0 和模式 1

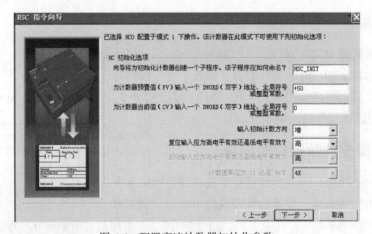

图 6-6　配置高速计数器初始化参数

在"HSC 指令向导"界面选中"外部复位输入有效时中断",默认该中断程序名为"EXTERN_RESET";选中"当前值等于预置值(CV=PV)时中断",默认该中断程序名为"COUNT_EQ";选择 HC0 编程步数为"1";单击"下一步"按钮,如图 6-7 所示。

在"HSC 指令向导"界面不选择"更新预置值(PV)""更新当前值(CV)"和"更新计数方向"3 项,单击"下一步"按钮,如图 6-8 所示。

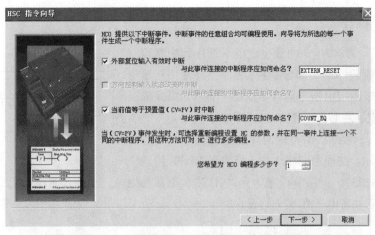

图 6-7　选择外部输入中断和内部计数中断

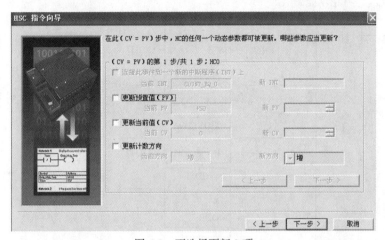

图 6-8　不选择更新 3 项

高速计数器指令向导编程完毕，单击"完成"按钮，指令向导自动生成一个 HSC0 初始化子程序 HSC_INIT，一个外部输入复位中断程序 EXTERN_RESET，一个当前值等于预置值中断程序 COUNT_EQ，如图 6-9 所示。

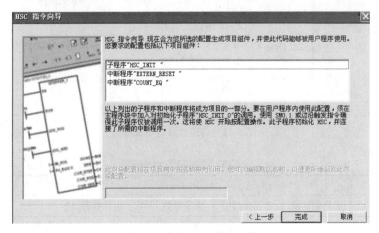

图 6-9　完成 HSC 指令向导

3. PLC 程序

（1）主程序。HSC 指令向导生成的子程序和中断程序只是 PLC 控制程序的一部分，在主程序中要使用初始化脉冲 SM0.1 来调用由指令向导生成的子程序，以完成高速计数器设置，主程序如图 6-10 所示。

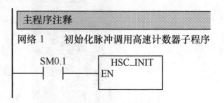

图 6-10　主程序

（2）HSC0 子程序。由指令向导生成的 HSC0 子程序如图 6-11 所示。在程序网络 1 中，将数据 16#F8 传送到控制字节 SMB37，此字节设置为允许 HSC、更新初始值、更新预置值、更新计数方向，增计数器和复位信号高电平有效，见表 6-8。

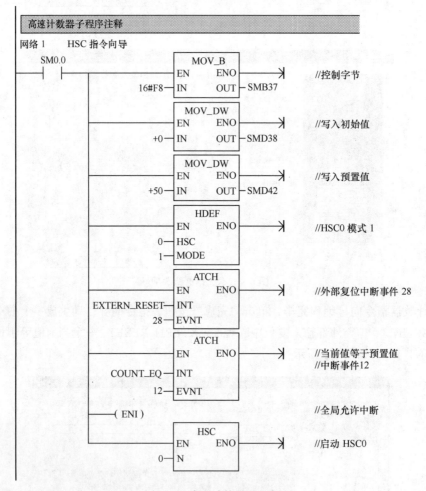

图 6-11　高速计数器子程序

表 6-8　　　　　　　　　　　　　SMB37 控制字节=16#F8

控制位	1	1	1	1	1	0	0	0
位功能	允许 HSC	更新初始值	更新预置值	更新计数方向	增计数器	—	—	复位高电平有效

在程序网络 1 中，将初始值 0 传送 SMD38，预置值+50 传送 SMD42，设置 HSC0 模式 1；

连接中断事件 28 与 EXTERN_RESET 中断程序，连接中断事件 12 与 COUNT_EQ 中断程序；全局允许中断，启动 HSC0。

（3）外部复位中断程序。外部复位中断程序如图 6-12 所示，当按下复位按钮 I0.2 时，高速计数器 HSC0 复位，产生中断事件 28，执行中断程序 EXTERN_RESET，输出端 Q0.0 立即复位。

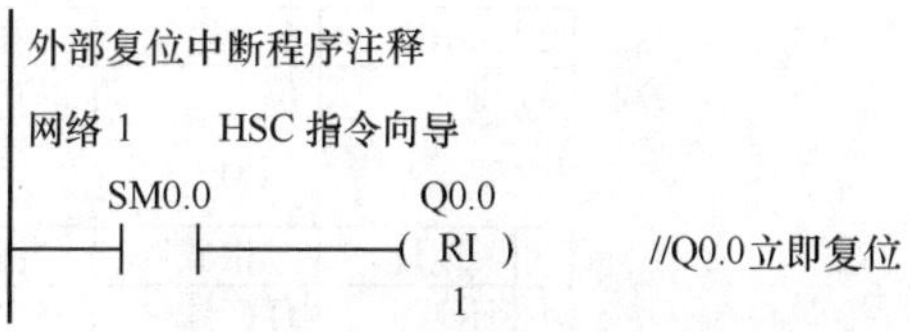

外部复位中断程序注释

网络 1　　HSC 指令向导

```
   SM0.0         Q0.0
────┤ ├──────────┤ ├─────────( RI )      //Q0.0立即复位
                                1
```

图 6-12　外部复位中断程序

（4）当前值等于预置值中断程序。当前值等于预置值中断程序如图 6-13 所示，当前值等于预置值时产生中断事件 12，执行中断程序 COUNT_EQ。首先将控制数据 16#80 传送到 SMB37，此字节设置为允许 HSC、不更新初始值、不更新预置值、不更新计数方向，保持为增计数方向，复位信号高电平有效，见表 6-9，然后启动 HSC0，立即置位 Q0.0。

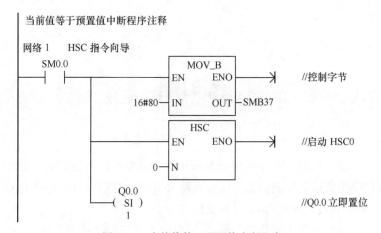

图 6-13　当前值等于预置值中断程序

表 6-9　　　　　　　　　　　　　　SMB37 控制字节=16#80

控制位	1	0	0	0	0	0	0	0
位功能	允许 HSC	不更新初始值	不更新预置值	不更新计数方向	保持增计数方向	—	—	复位高电平有效

4. 操作步骤

（1）按图 6-3 所示连接控制电路，并将如图 6-10～图 6-13 所示程序下载到 PLC。

（2）在状态表"地址"栏输入 HC0、SMB37 和 Q0.0，选择数据格式，开始状态表监控。

（3）程序初始运行时状态表监控值如图 6-14（a）所示，（SMB37）=16#F8，Q0.0 状态 0。

（4）按下/松开 SB1 按钮，反复接通 I0.0，当 HC0 大于 50 时，（SMB37）=16#80，Q0.0 置 1，如图 6-14（b）所示。

（5）按下复位按钮 SB2，HC0 清 0，Q0.0 清 0，如图 6-14（c）所示。

（6）按下/松开 SB1 按钮，反复接通 I0.0，当 HC0 大于 50 时，（SMB37）=16#80，Q0.0 置 1，如图 6-14（d）所示。

	地址	格式	当前值
1	HC0	有符号	+0
2	SMB37	十六进制	16#F8
3	Q0.0	位	2#0

(a)

	地址	格式	当前值
1	HC0	有符号	+68
2	SMB37	十六进制	16#80
3	Q0.0	位	2#1

(b)

	地址	格式	当前值
1	HC0	有符号	+0
2	SMB37	十六进制	16#80
3	Q0.0	位	2#0

(c)

	地址	格式	当前值
1	HC0	有符号	+79
2	SMB37	十六进制	16#80
3	Q0.0	位	2#1

(d)

图 6-14　状态表监控值

　　如果没有使用电子开关产生脉冲信号，则在按钮 SB1 每次按下时，HSC0 的当前值可能增加多个脉冲数值，这是高速计数器对按钮簧片接通瞬间产生连续抖动脉冲做出的反应。

练习题

　　1. 简述中断概念。

　　2. S7-200 有多少个中断源？中断源分为哪几类？最多可以创建多少个中断程序？

　　3. 试编写程序完成以下控制功能。在输入端 I0.0 的上升沿通过中断使 Q0.0 立即置位；在输入端 I0.1 的下降沿通过中断使 Q0.0 立即复位。

　　4. 设计一个高精度时间中断程序，每 2s 读取输入端口 IB0 状态 1 次，并立即写入 QB0。

　　5. 对于带有内部方向控制的高速计数器，怎样设置其加或减计数状态？

　　6. 对于带有外部方向控制的高速计数器，怎样控制其加或减计数状态？

　　7. 使用单相高速计数器 HSC0（模式 1）对输入端 I0.0 脉冲信号计数，当计数值大于 100 时输出端 Q0.1 立即置位，当外部复位时 Q0.1 立即复位。

现代工业生产线往往是由多个加工单元构成的。通常每个加工单元由一台 PLC 控制，由于各加工单元之间需要按生产工艺的要求协调动作，所以各加工单元的 PLC 并非独立使用，而是利用网络通信实现集中控制。在网络通信中起指挥作用的 PLC 称为主站，处于服从地位的 PLC 则称为从站，从而形成"主站集中指挥、从站分散控制"的主从站网络控制模式。

7.1 PPI 主从站网络

7.1.1 网络连接硬件

S7-200 设备集成了 RS-485 串行通信口，其中 CPU221、CPU222、CPU224 有一个，定义为端口 0，CPU226 有两个，定义为端口 0 和端口 1。RS-485 采用一对平衡差分信号线，具有抗共模能力强，抑制噪声干扰性好的特点。以两线间的电压差+2～+6V 表示逻辑状态 1，以两线间的电压差−2～−6V 表示逻辑状态 0。RS-485 为半双工接口，只能分时发送和接收数据。在一个 RS-485 网段中，最多可以连接 32 台设备，如果不使用中继器，允许的最长通信距离为 50m；使用 RS-485 中继器，允许的最长通信距离为 1 000m。RS-485 的远距离传送和传输线成本低的特性，使得 RS-485 成为工业生产中数据传输的首选标准。

PPI（点对点通信）网络是西门子公司专门为 S7-200 开发的，支持的网络地址为 0 到 126。为了正确接收和发送数据，网络上所有设备的地址必须唯一。S7-200 设备默认 STEP 7-Micro/Win 编程软件（称为本地计算机）的地址为 0，HMI（触摸屏）的地址为 1，PLC 的地址为 2。如果某 S7-200 设备带有两个通信口，那么每个通信口都会有各自的网络地址，分别接在端口 0 和端口 1 的两个设备的地址也可以相同。

PPI 是一种主-从协议，主站主动发起数据通信，读写其他站点的数据，从站只能响应，提供或接受数据，从站不能访问其他从站。主站也能接收其他主站的数据访问。PPI 的典型用途是计算机（作为主站）与 S7-200 设备（作为从站）之间上传或下载用户程序。

　　为了方便设备的连接，西门子公司提供了两种网络连接器，一种是标准网络连接器，仅提供连接到 RS-485 的接口，而另一种网络连接器增加了一个扩展编程接口，如图 7-1 上部左侧的第一个网络连接器。编程计算机可以通过这个扩展编程接口连接到网络中，以方便对网络中所有的 S7-200 传送数据。图 7-1 中所示为 3 个网络连接器使用双绞线电缆的连接情况，每个网络连接器中配有两组连接端子 A、B、A、B，分别连接输入及输出电缆。网络连接器配有网络偏置和终端匹配开关，图中给出了偏置电阻值（390Ω）和终端电阻值（220Ω），终端电阻可以吸收网络上的反射波，偏置电阻可以保证 0、1 逻辑信号的可靠性。接在网络两端的网络连接器的开关应设为 ON（在通信距离很短的情况下，如果出现通信错误时可尝试将开关设为 OFF），中间网络连接器的开关应设为 OFF。

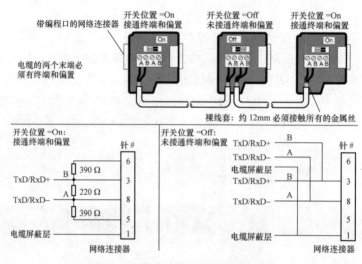

图 7-1　网络连接器和网络电缆示意图

7.1.2　连接 PPI 主从站网络

　　如图 7-2 所示，一台计算机与两台 CPU 模块组成一个 PPI 主从通信网络。用带扩展编程口的网络连接器连接两台 PLC 的通信端口 0，用 PC/PPI 电缆将计算机通信口与网络连接器的扩展编程口连接。默认本地计算机地址为 0，修改主站 PLC 地址为 1，默认从站 PLC 地址为 2。在本地计算机（0 号站）上操作编程软件，可分别向主站（1 号站）CPU 模块或从站（2 号站）CPU 模块传送程序或数据。

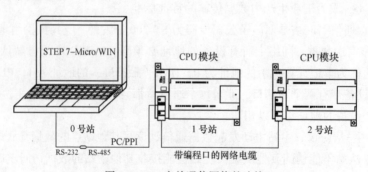

图 7-2　PPI 主从通信网络的连接

作为实习应用，也可以用标准的 9 针 D 型插头来代替网络连接器，用双绞线屏蔽电缆将两个 9 针 D 型插头的 3 脚与 3 脚连接、8 脚与 8 脚连接，屏蔽线焊接在外壳上，自制如图 7-3（a）所示的 RS-485 PPI 网络通信电缆。图 7-3（b）所示为 9 孔 RS-485 插座正面图。

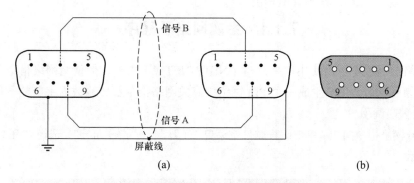

图 7-3　RS-485 PPI 网络电缆插头（针）正面图与 RS-485 插座（孔）正面图

7.1.3　设置 PPI 网络参数

1. 设置主站地址和波特率

数据通过网络传输的速度称为波特率，例如，9.6kbit/s 表示传输率为每秒 9 600 比特。在同一个网络中相互通信的器件必须被配置成相同的波特率。

S7-200 的波特率和站地址存储在系统块中。运行编程软件，选择指令树中"系统块"→"通信端口"命令，在如图 7-4 所示通信参数选择框中设置端口 0 的地址为"1"，波特率"9.6kbit/s"，其他参数默认。在下载用户程序时必须选中"系统块"选项，否则设置的参数不能生效。

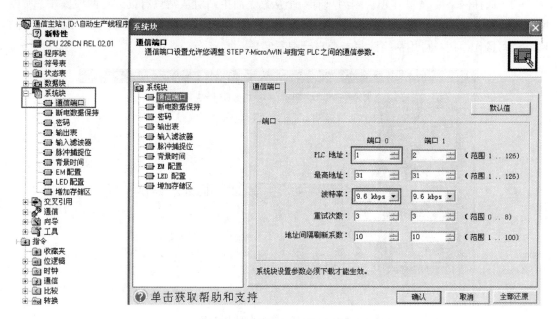

图 7-4　设置主站地址和波特率

2. 设置从站地址和波特率

每一个 S7-200 通信口的默认地址为"2",波特率为"9.6kbit/s",采用默认参数即可。

7.1.4　生成网络子程序

编写网络控制程序可以使用网络读写(NETR/NETW)指令,但使用网络指令向导更为方便。指令向导可以帮助用户生成一个 PPI 网络中有关网络指令及传输数据字节的子程序,供主站 PLC 的主程序调用。

(1)打开网络指令向导。单击编程软件主菜单"工具"→"指令向导",选择"NETR/NETW",如图 7-5 所示。

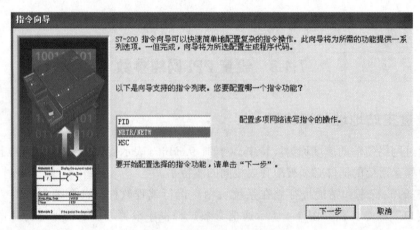

图 7-5　网络读写指令向导对话框 1

(2)选择网络读/写操作项。因为只有一个从站,而主站对从站只有读或写两项操作,所以网络操作项选择"2",如图 7-6 所示。网络向导允许最多使用 24 项网络读写操作,对于更多的网络读写操作,用户可用网络读写指令自己编程实现。

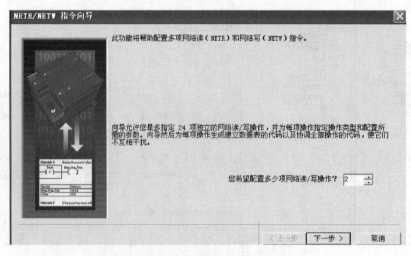

图 7-6　网络读写指令向导对话框 2

（3）选择通信端口。此处选择通信口 0；默认网络读/写操作的子程序名为"NET_EXE"，如图 7-7 所示。

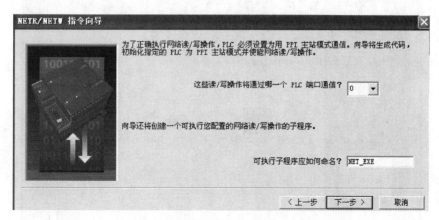

图 7-7　网络读写指令向导对话框 3

（4）网络写操作配置。选择"NETW"网络写操作，"1"个字节写入远程 PLC，数据位于本地 PLC"VB1000"处；远程 PLC 地址为"2"，数据位于远程 PLC 的"VB1000"处，如图 7-8 所示。即将主站变量存储器字节 VB1000 的状态写入从站 VB1000 字节中。网络写操作最多可以写入 16 个字节的数据。

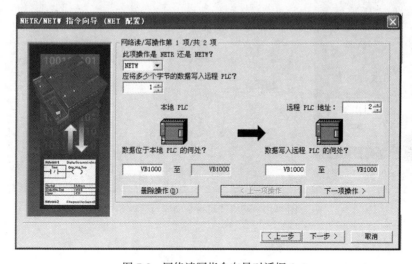

图 7-8　网络读写指令向导对话框 4

（5）网络读操作配置。选择"NETR"网络读操作，如图 7-9 所示。即将从站变量存储器字节 VB1001 的状态读入主站的 VB1001 字节中。网络读操作最多可以读入 16 个字节的数据。

（6）选择存储区。读写操作配置完成后，网络指令向导提示要使用 19 个字节的存储区，点击"建议地址"按钮，程序将自动生成一个大小合适且未使用的 V 存储区地址范围，如图 7-10 所示。

（7）完成网络配置。单击"完成"按钮，生成网络子程序 NET_EXE，该子程序执行用户在网络指令向导中设置的网络读写功能。在网络子程序页面中，给出了网络子程序的功能、操作数字节地址和错误标志的地址。

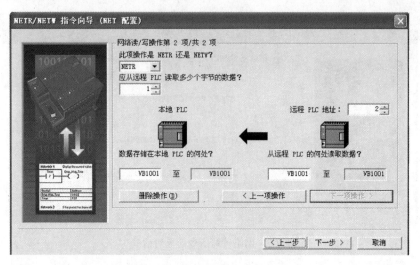

图 7-9　网络读写指令向导对话框 5

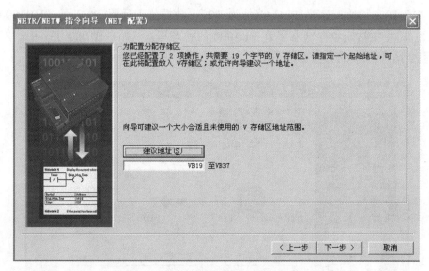

图 7-10　网络读写指令向导对话框 6

7.2

PPI 主从站网络控制

7.2.1　调用网络子程序

在主站 PLC 主程序中调用网络子程序 NET_EXE，因为网络子程序在每个扫描周期都将被执行，所以必须用 SM0.0 连接子程序使能端 EN，如图 7-11 所示。

图 7-11   在主站 PLC 主程序中调用网络子程序

网络子程序输入参数 Timeout（超时）为 0 表示不设置超时定时器，为 1～32 767 范围内的任一数值则表示以秒为单位的定时器时间。

网络子程序输出参数 Cycle 是通信周期脉冲信号，网络读/写操作每次完成网络所有操作后便切换状态，通信正常时 Q1.0 指示灯闪烁。

网络子程序输出参数 Error 为错误报警信号，网络读写指令缓冲区无错误时 Error 状态为 0，有错误时为 1，使 Q1.1 指示灯常亮报警。

SMB30 和 SMB130 分别是通信端口 0 和 1 的自由端口控制寄存器，该字节数值等于 0 时是 PPI 从站模式，等于 2 时是 PPI 主站模式。当 PLC 调用由网络指令向导生成的网络子程序后，自由端口控制寄存器的数值自动由 0 改写为 2，PLC 由默认的从站模式转为主站模式，允许执行 NETR 和 NETW 指令。若通过状态表监控 SMB30 的数值，可确认 1 号站为主站模式，2 号站为从站模式。

7.2.2   实习操作：组建两台 PLC 主从站网络控制系统

1.   控制要求

主站控制功能如下。

（1）当按下主站启动按钮时，主站电动机启动。

（2）主站电动机启动后，向从站发出允许启动信号，从站启动信号灯亮。

（3）当主站电动机停止时，从站电动机随之停止。

从站控制功能如下。

（1）允许启动信号灯亮后，当按下从站启动按钮时，从站电动机启动。

（2）从站电动机可以单独停止。

（3）在紧急情况下，按下从站紧急停止按钮时，主站、从站电动机均停止。

2.   控制电路

两台 PLC 构成的主从站网络控制电路如图 7-12 所示，其输入/输出端口分配见表 7-1。使用网络连接器和网络电缆连接两台 PLC 的通信端口 0。

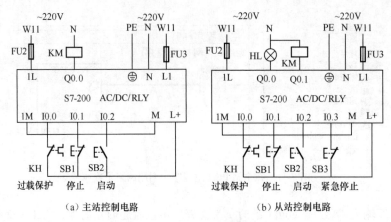

（a）主站控制电路   （b）从站控制电路

图 7-12　主站、从站控制电路

表 7-1　　　　　　　　　　主站、从站输入/输出端口分配表

主站 PLC			从站 PLC		
I/O 端口	元　件	作　用	I/O 端口	元　件	作　用
I0.0	KH 常闭触点	过载保护	I0.0	KH 常闭触点	过载保护
I0.1	SB1 常闭触点	停止按钮	I0.1	SB1 常闭触点	停止按钮
I0.2	SB2 常开触点	启动按钮	I0.2	SB2 常开触点	启动按钮
Q0.0	KM	接触器	I0.3	SB3 常闭触点	紧急停止按钮
			Q0.0	HL	启动信号灯
			Q0.1	KM	接触器

3. 主站程序

主站 PLC 程序如图 7-13 所示。

在程序网络 1 中，始终调用网络子程序 NET_EXE。NETW 指令将主站变量存储器 VB1000 字节的数据同步写入从站 VB1000 字节中，NETR 指令同步读出从站变量存储器 VB1001 字节的数据存储到主站 VB1001 字节中。

在程序网络 2 中，当按下启动按钮 I0.2 时，Q0.0 通电自锁，同时发出允许从站启动信号（V1000.0 状态 ON），该信号写入从站变量存储器 VB1000 的相应位。

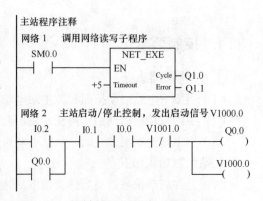

图 7-13　主站 PLC 程序

当按下停止按钮 I0.1 或过载时，Q0.0 断电解除自锁，V1000.0 状态 OFF，从站无启动信号。

当从站发出紧急停止信号（V1001.0 状态 ON）时，该信号读入主站变量存储器 VB1001 的相应位，控制主站 Q0.0 断电解除自锁。

4. 从站程序

从站 PLC 程序如图 7-14 所示。

在程序网络 1 中，当主站发出启动信号（V1000.0 状态 ON）时，从站（V1 000.0）=1，从站 Q0.0 通电，信号灯 HL 亮。

在程序网络 2 中，当 Q0.0 联锁触点闭合后，按下启动按钮 I0.2，Q0.1 通电自锁。

当按下停止按钮 I0.1 或过载时，Q0.1 断电解除自锁。

当按下紧急停止按钮 I0.3 时，从站 Q0.1 断电解除自锁，同时从站向主站发出的紧急停止信号（V1001.0 状态 ON）。

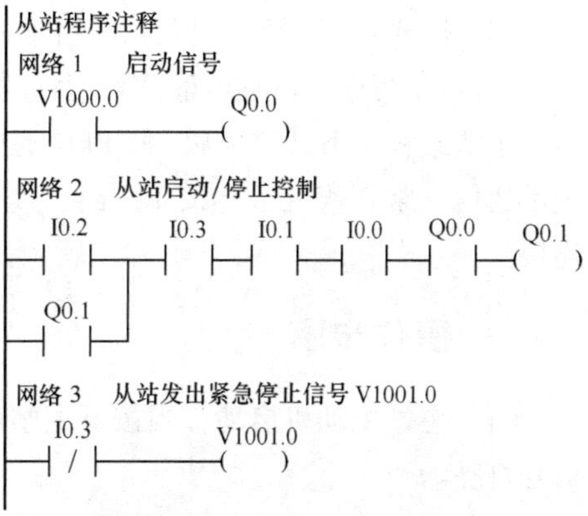

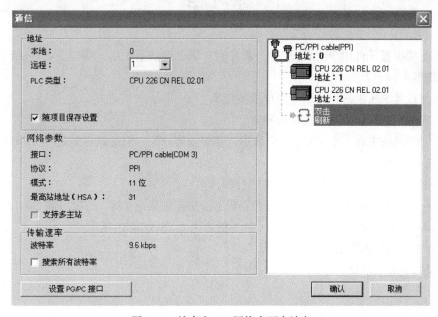

图 7-14　从站 PLC 程序

5. 网络连接与程序下载

若使用无扩展编程口的网络连接器（或自制网络电缆）连接两台 PLC 的通信端口 0 时，可先将如图 7-13、图 7-14 所示程序分别下载到主站 PLC 和从站 PLC 中，然后 PLC 断电后连接网络电缆。PLC 在通电状态下插拔通信电缆容易损坏通信端口。

若使用具有扩展编程口的网络连接器连接主站 PLC 和从站 PLC，则可按下列步骤下载主/从站 PLC 程序，而不再需要反复插拔通信电缆。

（1）用 PC/PPI 电缆连接计算机 COM1 口与网络连接器的扩展编程口，各站网络连接器终端电阻均处于"OFF"状态，各站 PLC 处于"STOP"状态。

（2）利用编程软件通信端口命令搜索网络中的两个站，如果能全部搜索到表明网络连接正常，显示两站 CPU 单元型号与地址，如图 7-15 所示。

图 7-15　搜索出 PPI 网络中两个站点

（3）打开主站程序，搜索到网络中的两个站。点击地址 1 处 CPU 模块图形，使远程地址为"1"，将主站程序、设置地址"1"及波特率"9.6kbit/s"一起下载到主站 PLC。

（4）打开从站程序，搜索到网络中的两个站。点击地址 2 处 CPU 模块图形，使远程地址为"2"，将从站程序、设置地址"2"及波特率"9.6kbit/s"一起下载到从站 PLC。

主从站程序下载完毕后，使 PLC 通电处于运行状态。主站 PLC 输出端 Q1.0 指示灯应闪烁，表示通信正常。若主站 PLC 输出端 Q1.1 指示灯亮，则表示通信错误，需要检查网络是否正确连接。

6. 操作步骤

（1）主站电动机启动。当按下主站启动按钮时，主站电动机通电运转，同时从站允许启动信号灯亮。

（2）主站电动机停止。当按下主站停止按钮时，主站电动机和从站允许启动信号灯同时断电。

（3）主站过载保护。断开主站 I0.0 接线端，模拟过载故障，主站电动机和从站允许启动信号灯同时断电。

（4）从站电动机启动。当从站允许启动信号灯亮时，按下从站启动按钮，从站电动机通电运转。

（5）从站电动机停止。当按下从站停止按钮时，从站电动机断电。

（6）从站过载保护。断开从站 I0.0 接线端，模拟过载故障，从站电动机断电。

（7）紧急停止。当按下从站紧急停止按钮时，主站电动机和从站电动机同时断电。

练习题

1. 当使用编程软件向 PLC 下载用户程序时，哪个设备是主站，哪个设备是从站？它们的站地址各是多少？

2. 怎样设置 PPI 主站和从站的地址及波特率？

3. 如何判断 PPI 网络通信正常或异常？

4. 若 PPI 网络中有 1 个主站，4 个从站，通常如何分配它们的站点地址？其网络读写操作最多可配置多少项？

5. 在通电状态下可以插拔通信电缆吗？为什么？

6. 设在 PPI 网络中用主站（2#）的 I0.0/I0.1 按钮控制从站（3#）的输出端 Q0.0 启动/停止；用从站（3#）的 I0.0/I0.1 按钮控制主站（2#）的输出端 Q0.0 启动/停止。

（1）列出传输数据字节地址。

（2）编写主站和从站程序。

第8章

变频器的使用

三相交流异步电动机具有结构简单、工作可靠、维修方便、价格低廉等优点，不足之处是难以变速。近年来，大功率电力晶体管和计算机控制技术的发展，极大地促进了变频技术的进步，目前各类变频器品种齐全，操作便利，自动化程度高，在众多行业中交流电动机变频调速已取代了传统的直流电动机调速。使用变频器不仅充分满足了生产工艺的调速要求，而且节能效果突出，尤其在风机类和水泵类电动机上使用变频器，可以显著地提高经济效益。

8.1

变频器概述

8.1.1 MM420 的技术参数

1. 变频器技术数据

MM420 是西门子通用型变频器系列代号。该系列有多种型号，范围从单相 220V/0.12kW 到三相 380V/11kW，其主要技术数据如下。

（1）交流电源电压：单相 200～240V 或三相 380～480V。

（2）输入频率：47～63Hz。

（3）输出频率：0～650Hz。

（4）额定输出功率：单相 0.12～3kW 或三相 0.37～11kW。

（5）7 个可编程的固定频率。

（6）3 个可编程的数字量输入。

（7）1 个模拟量输入（0～10V）或用作第 4 个数字量输入。

（8）1 个可编程的模拟输出（0～20mA）。

（9）1 个可编程的继电器输出（30V、直流 5A、电阻性负载或 250V、交流 2A、感性负载）。

（10）1个 RS-485 通信接口。

（11）保护功能有欠电压、过电压、过负载、接地故障、短路、防止电动机失速、闭锁电动机、电动机过温、变频器过温、参数 PIN 编号保护。

2. 变频器结构

MM420 变频器由主电路和控制电路构成，其结构框图与外部接线端如图 8-1 所示。

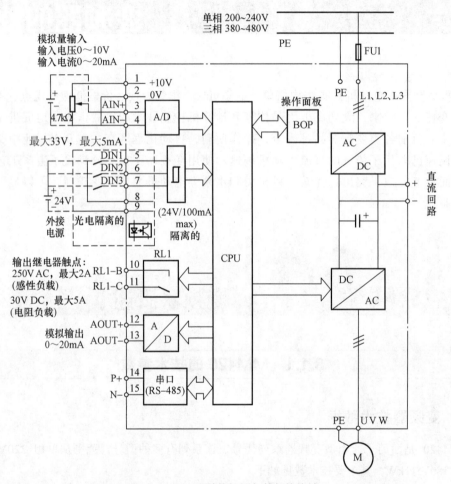

图 8-1　MM420 结构框图与外部接线端

变频器的主电路包括整流电路、储能电路和逆变电路，是变频器的大功率电路。

（1）整流电路。由二极管构成三相桥式整流电路，将交流电全波整流为直流电。

（2）储能电路。由耐高压的滤波电容构成，具有储能和平稳直流电压的作用。

（3）逆变电路。采用绝缘栅双极型晶体管（IGBT）作为功率输出器件，将直流电逆变成频率和电压可调的三相交流电，驱动交流电动机运转。

变频器的控制电路主要以单片微处理器 CPU 为核心构成，控制电路具有设定和显示运行参数、信号检测、系统保护、计算与控制、驱动逆变电路等功能。

3. 变频器端子功能

MM420 变频器接线端子排列位置如图 8-2 所示。电源频率设置值可以用 DIP 开关加以改变。DIP 开关 1 不供用户使用。DIP 开关 2 在 OFF 位置时设置频率 50Hz，功率单位 kW；在 ON 位置时设置 60Hz，功率单位 kW。DIP 开关 2 默认出厂设置为 OFF 位置。

MM420 变频器主电路端子功能见表 8-1。

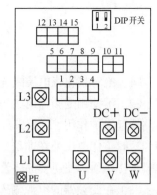

图 8-2 MM420 接线端子排列位置

表 8-1　　　　　　　　　　变频器 MM420 主电路端子功能

端子号	端 子 功 能
L1、L2、L3	三相电源接入端，连接 380V、50Hz 交流电源
U、V、W	三相交流电压输出端，连接三相交流电动机首端。此端如误接三相电源端，则变频器通电时将烧毁
DC+、DC−	直流回路电压端，供维修测试用。即使电源切断，电容器上仍然带有危险电压，在切断电源 5min 后才允许打开本设备
PE	通过接地导体的保护性接地

MM420 变频器控制端子功能见表 8-2。控制端子使用了快速插接器，用小螺丝刀轻轻撬压快速插接器的簧片，即可将导线插入夹紧。

表 8-2　　　　　　　　　　变频器 MM420 控制端子功能

端子号	端 子 功 能	电源/相关参数代号/出厂设置值
1	模拟量频率设定电源（+10V）	模拟量传感器也可使用外部高精度电源，直流电压范围 0~10V
2	模拟量频率设定电源（0V）	
3	模拟量输入端 AIN+	P1000 = 2，频率选择模拟量设定值
4	模拟量输入端 AIN−	
5	数字量输入端 DIN1	P0701 = 1，正转/停止
6	数字量输入端 DIN2	P0702 = 12，反转
7	数字量输入端 DIN3	P0703 = 9，故障复位
8	数字量电源（+24V）	也可使用外部电源，最大为直流 33V
9	数字量电源（0V）	
10	继电器输出 RL1-B	P0731 = 52.3，变频器故障时继电器动作，常开触点闭合，用于故障识别
11	继电器输出 RL1-C	
12	模拟量输出 AOUT+	P0771~P0781
13	模拟量输出 AOUT−	
14	RS-485 串行链路 P+	P2000~P2051
15	RS-485 串行链路 N−	

8.1.2　变频器配线注意事项

（1）绝对禁止将电源线连接到变频器的输出端 U、V、W 上，否则将烧坏变频器。

（2）不使用变频器时，可将电源断路器分断，起电源隔离作用；当电路出现短路故障时，断路器起保护作用，以免事故扩大。但在正常工作情况下，不要使用断路器启动和停止电动机，因为这时工作电压处在非稳定状态，逆变晶体管可能脱离开关状态进入放大状态，而负载感性电流维持导通，使逆变晶体管功耗剧增，容易烧毁逆变晶体管。

（3）在变频器的电源输入侧接交流电抗器可以削弱三相电源不平衡对变频器的影响，延长变频器的使用寿命，同时也降低变频器产生的谐波对电网的干扰。

（4）由于变频器输出的是高频脉冲波，所以禁止在变频器与电动机之间加装电力电容器件。

（5）变频器和电动机必须可靠接地。

（6）变频器的控制线应与主电路动力线分开布线，平行布线应相隔 10cm 以上，交叉布线时应使其垂直。为防止干扰信号串入，变频器信号线的屏蔽层应妥善接地。

（7）变频器的安装环境应通风良好。

8.1.3　变频器恒转矩输出

由三相异步电动机转速公式 $n=(1-S)60f_1/P$ 可知，只要连续改变交流电源的频率 f_1，就可以实现连续调速。通常当电源频率为 50Hz 时，电动机可达到额定转速，当变频器输出频率低于 50Hz 时，电动机的转速低于额定转速。但在调节电源频率的同时，必须同时调节变频器的输出电压 U_1，且始终保持 $U_1/f_1=$ 常数。这是因为三相异步电动机定子绕组相电压 $U_1 \approx E_1=4.44f_1N_1K_1\Phi_m$，当 f_1 下降时，若 U_1 不变，则磁通增加，使磁路饱和，电动机空载电流剧增，严重时将烧坏电动机。为此，变频器调速是以恒电压频率比（U_1/f_1）保持磁通不变的恒磁通调速。由于磁通 Φ_m 不变，调速过程中电磁转矩 $T=C_t\Phi_m I_{2s}\cos\varphi_2$ 不变，属于恒转矩调速，输出特性曲线如图 8-3 所示。线性特性曲线适用于恒转矩负载，例如，带式运输机。而平方特性曲线适用于可变转矩负载，例如风机和水泵。

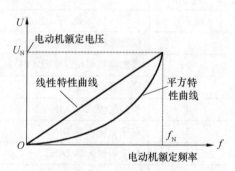

图 8-3　变频器恒转矩输出特性曲线

8.1.4　变频器输出频率的含义

1. 最大频率 f_{max}、基准频率 f_N 和基准电压 U_N

最大频率 f_{max} 指变频器工作时允许输出的最高频率，通用变频器的最大频率可达几百赫兹。基准频率 f_N 指满足电动机需要的额定频率，基准电压 U_N 指满足电动机需要的额定电压。通常基准频率出厂设定值为 50Hz，基准电压出厂设定值为 380V。对于 u/f 控制方式，基准频率、输出电压及最大频率的关系如图 8-4 所示。

2. 上限频率 f_H 和下限频率 f_L

变频器的输出频率可以限定在上下限频率之间，以防止误操作时发生失误。

3. 点动频率

点动操作时的频率，出厂设定值为 5Hz。

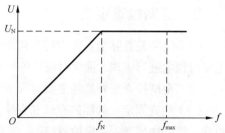

图 8-4　基准频率、输出电压及最大频率的关系

4. 多段速频率

在调速过程中，有时需要多个不同速度的阶段，通常可设置为 3～7 段不同的输出频率。多段速控制方式有两种，一种由外部端子控制，执行时由外部端子对段速和时间进行控制；另一种是程序控制，事先设置好各段速的频率、执行时间、上升与下降时间及运转方向。

5. 输入最大模拟量时的频率

指输入模拟电压 5V（或 10V）或模拟电流 20mA 时的频率值，通常出厂设定值为 50Hz。

8.1.5　变频器日常维护

变频器日常维护和保养是变频器安全工作的保障，高温、潮湿、灰尘和振动等对变频器的使用寿命影响较大。

1. 维护和检查时的注意事项

（1）变频器断开电源后不久，储能电容上仍然剩余有高电压。进行检查前，先断开电源，过 10min 后用万用表测量，确认变频器主直流回路正负端子电压在直流几伏以下后再进行检查。

（2）用兆欧表测量变频器外部电路的绝缘电阻前，要拆下变频器上所有端子的电线，以防止测量高电压加到变频器上。控制回路的通断测试应使用万用表（高阻挡），不要使用兆欧表。

（3）不要对变频器实施耐压测试，如果测试不当，可能会使电子元件损坏。

2. 日常检查项目

在日常巡视中，可以通过耳听、目视、手感和嗅觉判断变频器的运行状态，一般巡视检查项目有：

（1）变频器是否按设定参数运行，面板显示是否正常；

（2）安装场所的环境、温度、湿度是否符合要求；

（3）变频器的进风口和出风口有无积尘和堵塞；

（4）变频器是否有异常振动、噪声和焦糊气味；

（5）是否出现过热和变色。

3. 定期检查项目

（1）定期检查除尘。除尘前先切断电源，待变频器充分放电后打开机盖，用压缩空气或软毛刷对积尘进行清理。除尘时要格外小心，不要触及元器件和微动开关。

（2）定期检查变频器的主要运行参数是否在规定的范围。

（3）检查固定变频器的螺丝和螺栓，是否由于振动、温度变化等原因松动。导线是否连接可靠，绝缘物质是否被腐蚀或破损。

（4）定期检查变频器的冷却风扇、滤波电容，当达到使用期限后及时进行更换。

8.2 变频器面板操作与控制

8.2.1 MM420 基本操作面板

MM420 变频器有状态显示板 SDP、基本操作面板 BOP 和高级操作面板 AOP。基本操作面板 BOP 如图 8-5 所示，BOP 具有七段显示的 5 位数字，可以显示参数的序号和数值，报警和故障信息，以及设定值和实际值。BOP 操作说明见表 8-3。

图 8-5　MM420 基本操作面板 BOP

表 8-3　　　　　　　　　　　　　　BOP 操作说明

显示/按键	功　能	功　能　说　明
r0000	状态显示	LCD（液晶）显示变频器当前的参数值。r××××表示只读参数，P××××表示可以设置的参数，P----表示变频器忙碌，正在处理优先级更高的任务
ⓘ	启动变频器	按此键启动变频器。默认运行时此键是被封锁的。为了使此键起作用应设定 P0700 = 1
ⓞ	停止变频器	OFF1：按此键，变频器将按选定的斜坡下降速率减速停车。默认运行时此键被封锁；为了允许此键操作，应设定 P0700 = 1 OFF2：按此键两次（或一次，但时间较长）电动机将在惯性作用下自由停车。此功能总是"使能"的
◎	改变电动机的转动方向	按此键可以改变电动机的转动方向。电动机的反向用负号（-）表示。默认运行时此键是被封锁的，为了使此键的操作有效，应设定 P0700 = 1
jog	电动机点动	在变频器无输出的情况下按此键，将使电动机点动，并按预设定的点动频率（出厂值为 5Hz）运行。释放此键时，变频器停车。如果变频器/电动机正在运行，按此键将不起作用

续表

显示/按键	功　能	功　能　说　明
(Fn)	功能	此键用于浏览辅助信息。 变频器运行过程中，在显示任何一个参数时按下此键并保持不动 2s，将显示以下参数值（在变频器运行中从任何一个参数开始）： ① 直流回路电压（用 d 表示，单位 V）； ② 输出电流（A）； ③ 输出频率（Hz）； ④ 输出电压（用□表示，单位 V）； ⑤ 由 P0005 选定的数值（如果 P0005 选择显示上述参数中的任何一个（3，4 或 5），这里将不再显示）。 连续多次按下此键，将轮流显示以上参数。 跳转功能。在显示任何一个参数（r××××或 P××××）时短时间按下此键，将立即跳转到 r0000。如果需要的话，可以接着修改其他的参数。跳转到 r0000 后，按此键将返回原来的显示点
(P)	访问参数	按此键即可访问参数
(▲)	增加数值	按此键即可增加面板上显示的参数数值，长时间按则快速增加
(▼)	减少数值	按此键即可减少面板上显示的参数数值，长时间按则快速减少

8.2.2　MM420 参数设置方法

MM420 变频器的每一个参数对应一个编号，用 0000～9999 四位数字表示。在编号的前面冠以一个小写字母"r"时，表示该参数是"只读"参数。其他编号的前面都冠以一个大写字母"P"，P 参数的设置值可以在最小值和最大值的范围内进行修改。

为了快速修改参数的数值，最好单独修改参数数值的每一位，操作步骤如下。

（1）按 (P) 键访问参数。

（2）按 (▲) 键直到显示出选定的参数号。

（3）按 (P) 键进入参数访问级。

（4）按 (Fn) 键，最右边的一位数字闪烁。

（5）按 (▲)/(▼) 键，修改这位数字的数值。

（6）再按 (Fn) 键，相邻的下一位数字闪烁。

（7）重复执行（5）～（6）步，直到设置出所要求的数值。

（8）按 (P) 键，确认并存储修改好的参数值，退出参数访问级。

8.2.3　恢复出厂设定值

出厂设定值一般可以满足大多数常规控制要求，利用出厂设定值，可以快速设置变频器运行参数。为了把变频器的全部参数复位为出厂设定值，应按下面的参数值进行设置。

（1）P0010 = 30。

（2）P0970 = 1。

复位时 LCD 显示"P----"，完成复位过程大约需要 10s。

8.2.4　实习操作：变频器面板操作模式

1. 操作内容

操作内容为：使用基本操作面板 BOP 设定变频器的输出频率为 50Hz，并控制电动机点动、正转、反转和停止。设选用输出功率 0.75kW 的西门子 MM420 变频器，以下实习操作设备同。

2. 连接电路

将电动机绕组做丫形连接，并按图 8-6 所示在控制板上连接变频器调速控制电路，连接无误后接通电源。变频器加上电源时，也可以把基本操作面板 BOP 装到变频器上，或从变频器上将 BOP 拆卸下来。

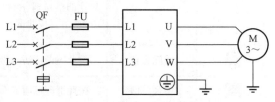

图 8-6　变频器面板操作接线图

3. 设置参数

变频器已按额定功率为 0.75kW 的西门子 4 极标准电动机设定好变频器出厂值参数。设实习操作所用电动机的型号规格为：YS5024，0.06kW，380V，丫/△，0.39A/0.66A，1 400r/min，丫形连接（以下实习操作设备同）。由于现场电动机与出厂值不符，所以需要修改电动机的参数。读者应按实际现场电动机的铭牌来设置参数。

与面板控制相关的参数设置见表 8-4，操作变频器面板 BOP 设置新的参数值。

表 8-4　　　　　　　　　　　　　　变频器参数设置表

序号	参数代号	出厂值	设置值	说　　明
1	P0010	0	30	调出厂设置参数，准备复位 0 为准备、1 为启动快速调试、30 为出厂设置参数 如果 P0010 被访问后没有设定为 0，变频器将不运行；如果 P3900>0，这一功能自动完成
2	P0970	0	1	0 为禁止复位、1 为恢复出厂设置值（变频器先停车）
3	P0003	1	3	参数访问专家级 1 为标准级、2 为扩展级、3 为专家级、4 为维修级
4	P0010	0	1	启动快速调试
5	P0304	400	380	电动机的额定电压（V），根据铭牌键入
6	P0305	1.90	0.39	电动机的额定电流（A），根据铭牌键入
7	P0307	0.75	0.06	电动机的额定功率（kW），根据铭牌键入
8	P0311	1 395	1 400	电动机的额定速度（r/min），根据铭牌键入
9	P0700	2	1	BOP 面板控制 0 为工厂设置、1 为 BOP 面板控制、2 为外部数字端控制

续表

序号	参数代号	出厂值	设置值	说　明
10	P1000	2	1	使用 BOP 面板设定的频率值 1 为用 BOP 设定的频率值、2 为模拟设定频率值、3 为固定频率
11	P3900	0	1	结束快速调试，进行电动机计算和复位出厂值，在完成计算后，P3900 和 P0010 自动复位为 0 0 为结束快速调试，不进行电动机计算和复位出厂值 1 为结束快速调试，保留快速调试参数，复位出厂值 2 为结束快速调试，进行电动机计算和 I/O 复位 3 为结束快速调试，进行电动机计算
12	P0003	1	3	参数访问专家级
13	P0004	0	10	快速访问设定值通道 0 为全部参数、2 为变频器参数、3 为电动机参数、7 为命令、8 为 AD 或 DA 转换、10 为设定值通道、12 为驱动装置的特征、13 为电动机控制、20 为通信、21 为报警、22 为工艺参量控制（如 PID）
14	P1040	5.00	50.00	BOP 面板的频率设定值（Hz）

4. 变频器运行操作

（1）正向点动。当按下黑色"点动"按键时，电动机正向低速启动，启动结束后显示频率值 5Hz。松开"点动"按键，电动机减速停止。

（2）反向点动。先按下黑色"反转"按键，再按下黑色"点动"按键时，电动机反向低速启动，启动结束后显示频率值 5Hz。松开"点动"按键，电动机减速停止。

（3）正转。当按下绿色"启动"键时，电动机正转启动，即时输出频率上升，启动结束后显示频率值 50Hz（在电动机正转时也可以直接按下"反转"键，电动机停止正转转为反转）。

（4）停止。当按下红色"停止"键时，电动机减速停止。

（5）反转。先按下黑色"反转"键，再按下绿色"启动"键时，电动机反转启动，即时输出频率上升，启动结束后显示频率值 50Hz（在电动机反转时也可以直接按下"正转"键，电动机停止反转转为正转）

（6）停止。当按下红色"停止"键时，电动机减速停止。

（7）观察与记录。在电动机正反转启动过程时，观察 LCD 上显示参数值的变化并记录在表 8-5 中。

（8）切断电源。

表 8-5　　　　　　　　　变频器运行参数记录

项目	输出频率（Hz）		输出电压（V）		输出电流（A）		主回路直流电压（V）
	最小值	最大值	最小值	最大值	最小值	最大值	
正转							
反转							

8.3 变频器数字量输入控制

8.3.1 数字输入量功能

变频器 MM420 唯一的模拟输入量也可以作为数字输入量 DIN4,模拟量输入端作为数字量输入端的电路连接如图 8-7 所示,2、4、9 端子连接在一起,3 端子作为数字量输入端。

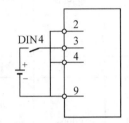

图 8-7 模拟量作为数字量
电路连接

MM420 有 4 个数字量输入端 DIN1~DIN4。每个输入端都有一个对应的参数,用来设定该端子的功能,见表 8-6。但 DIN4 的选择功能参数 P0704 不能设置数值 15/16/17,即没有固定频率选择项。

表 8-6   MM420 的 4 个数字输入量功能

端子编号	数字编号	参数编号	出厂值	功 能 说 明
5	DIN1	P0701	1	0:禁止数字输入 1:接通正转/断开停车 2:接通反转/断开停车 3:断开按惯性自由停车 4:断开按斜坡曲线快速停车
6	DIN2	P0702	12	9:故障复位 10:正向点动 11:反向点动 12:反转(与正转命令配合使用)
7	DIN3	P0703	9	13:MOP 升速(用端子接通时间控制升速) 14:MOP 降速(用端子接通时间控制降速) 15:固定频率直接选择 16:固定频率直接选择+ON 命令 17:固定频率二进制编码选择+ON 命令
3	DIN4	P0704	0	21:机旁/远程控制 25:直流制动 29:由外部信号触发跳闸 33:禁止附加频率设定值 99:使能 BICO 参数化

数字量有效输入电平方式分为高电平(PNP)和低电平(NPN)两种,由参数 P0725 决定。P0725 出厂值为 1,即默认输入高电平有效。

(1)高电平方式。当 P0725 = 1 时,选择高电平方式,数字端 5/6/7 必须通过端子 8(+24V)连接。此时,控制电流是流入变频器的数字端。

(2)低电平方式。当 P0725 = 0 时,选择低电平方式,数字端 5/6/7 必须通过端子 9(0V)连接。此时,控制电流是流出变频器的数字端。

8.3.2　固定频率选择

在频率源选择参数 P1000 = 3 的条件下，可以用 3 个数字量输入端子 5/6/7 选择固定频率，实现电动机多段速频率运行，最多可达 7 段速。固定频率设置参数 P1001～P1007 的数值范围为−650～+650Hz，电动机的转速方向由频率值的正负所决定。

（1）固定频率直接选择（P0701～P0703 = 15）。在这种操作方式下，一个数字量输入通过频率设置参数选择一个固定频率，见表 8-7。

表 8-7　　　　　　　　　　　固定频率直接选择操作方式

端子编号	数字编号	固定频率设置参数	功　能　说　明
5	DIN1	P1001	① 如果有几个固定频率输入同时被激活，选定的频率是它们的总和，例如，FF1+FF2+FF3
6	DIN2	P1002	
7	DIN3	P1003	② 运行变频器还需要启动命令

（2）固定频率直接选择 + ON 命令（P0701～P0703 = 16）。在这种操作方式下，数字量输入既选择固定频率，又具备接通运行变频器的命令。

（3）固定频率二进制编码选择 + ON 命令（P0701～P0703 = 17）。

8.3.3　实习操作：PLC 与变频器自动往返控制

1. 控制要求

使用 PLC 和变频器组成自动往返控制电路。当按下启动按钮后，要求变频器的输出频率按图 8-8 所示曲线自动运行一个周期。

由变频器的输出频率曲线可知，当按下启动按钮时，电动机启动，斜坡上升时间为10s，正转运行频率为 25Hz，机械装置前进。当机械装置的撞块触碰行程开关 SQ1 时，电动机先减速停止，后开始反向启动，斜坡下降/上升时间均为 10s，反转运行频率为40Hz，机械装置后退。当机械装置的撞块触碰原点行程开关 SQ2 时，电动机停止。

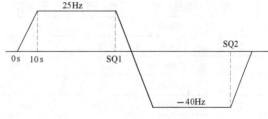

图 8-8　变频器输出频率曲线

2. 控制电路

PLC 与变频器的自动往返调速控制电路如图 8-9 所示，数字量有效输入电平方式为高电平。PLC 输入/输出端口的作用和变频器输入端子的功能见表 8-8。

3. 设置参数

参数设置见表 8-9，相关参数主要包括 3 个方面。

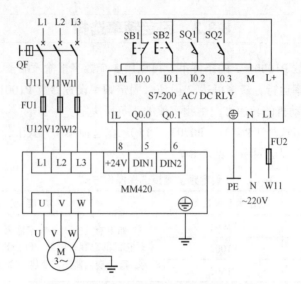

图 8-9　PLC 与变频器正反转调速控制电路

表 8-8　　　　　　　　　PLC 输入/输出端口的作用和变频器输入端子的功能

PLC 输入端口			PLC 输出端口/变频器输入端子		
输入继电器	输入元件	作用	输出继电器	输入端子	功能
I0.0	SB1 常闭触点	停止按钮	Q0.0	DIN1	25Hz + ON 命令
I0.1	SB2 常开触点	启动按钮	Q0.1	DIN2	−40Hz + ON 命令
I0.2	SQ1 常开触点	换向位置			
I0.3	SQ2 常开触点	原点位置			

表 8-9　　　　　　　　　　　　参数设置表

序　号	参数代号	出厂值	设置值	说　　明
1	P0010	0	30	调出厂设置参数，准备复位
2	P0970	0	1	复位出厂值
3	P0003	1	3	参数访问专家级
4	P0010	0	1	启动快速调试
5	P0304	400	380	电动机的额定电压（V）
6	P0305	1.90	0.39	电动机的额定电流（A）
7	P0307	0.75	0.06	电动机的额定功率（kW）
8	P0311	1 395	1 400	电动机的额定速度（r/min）
9	P1000	2	3	选择固定频率
10	P3900	0	1	结束快速调试，保留快速调试参数，复位出厂值
11	P0003	1	3	参数访问专家级
12	P0004	0	7	快速访问命令通道 7
13	P0700	2	2	不修改，默认外部数字端子控制
14	P0701	1	16	固定频率直接选择+ON 命令
15	P0702	12	16	固定频率直接选择+ON 命令
16	P0004	当前值 7	10	快速访问设定值通道 10
17	P1001	0.00	25.00	固定频率 1 = 25Hz
18	P1002	5.00	−40.00	固定频率 2 = −40Hz

（1）恢复出厂设定值。

（2）修改电动机参数。设实习操作所用电动机的型号规格为：YS5024，0.06kW，380V，Y/△，0.39A/0.66A，1 400r/min，电动机绕组为 Y 形连接。

（3）选择数字端子功能。变频器数字输入端 DIN1 设置频率为 25Hz，并加上运转命令 ON；DIN2 设置频率为-40Hz，并加上运转命令 ON。

4. 控制程序

PLC 和变频器自动往返调速控制程序如图 8-10 所示。

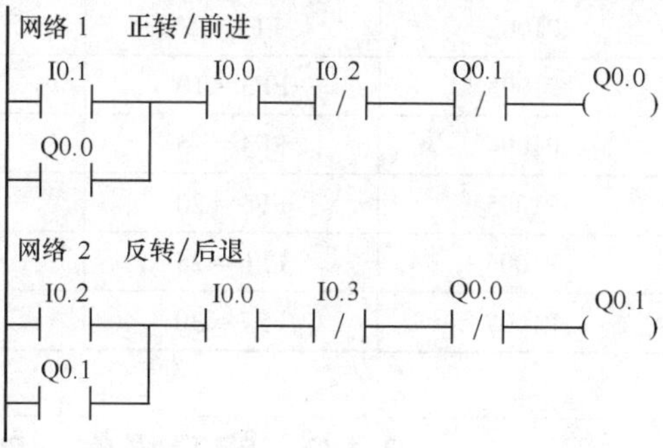

程序工作原理如下。

（1）正转运行/前进。当按下启动按钮（I0.1）时，输出端 Q0.0 通电自锁，变频器数字端 DIN1 输入有效，变频器输出 25Hz，电动机正转前进。

图 8-10　PLC 和变频器自动往返调速控制程序

（2）反转运行/后退。当行程开关 SQ1 动作、I0.2 接通时，输出端 Q0.0 断开，Q0.1 通电自锁，变频器数字端 DIN2 输入有效，变频器输出-40Hz，电动机反转后退。

（3）变频器、电动机停止。当后退返回原点时，触动行程开关 SQ2 动作，I0.3 接通时，输出端 Q0.1 断开。

当按下停止按钮（I0.0）时，输出端 Q0.0～Q0.1 断开。

5. 模拟操作步骤

（1）电动机正转。当按下启动按钮时，电动机正向启动，启动结束后显示频率值 25Hz。

（2）电动机反转。当用手触动行程开关 SQ1 触头时，电动机先减速停止，后反转启动，启动结束后显示频率值-40Hz。

（3）停止。当用手触动行程开关 SQ2 触头或按下停止按钮时，电动机减速停止。

8.4

变频器多段速控制

8.4.1　固定频率编码选择

当变频器 MM420 的数字量输入端 DIN1～DIN3 对应的参数（P0701～P0703）= 17 时，端子功能为固定频率二进制编码选择+ON 命令，3 个数字端的二进制编码状态最多可以选择 7 个固定频率，见表 8-10。端子编码状态 0 表示端子未激活，编码状态 1 表示端子激活。每个固定频率值的设定范围为-650～+650Hz。

表 8-10　　　　固定频率二进制编码选择＋ON 命令的 7 段频率设定

频率设定	出厂值（Hz）	端子 7（DIN3）	端子 6（DIN2）	端子 5（DIN1）
	OFF	0	0	0
P1001	FF1 = 0	0	0	1
P1002	FF2 = 5	0	1	0
P1003	FF3 = 10	0	1	1
P1004	FF4 = 15	1	0	0
P1005	FF5 = 20	1	0	1
P1006	FF6 = 25	1	1	0
P1007	FF7 = 30	1	1	1

8.4.2　实习操作：PLC 与变频器的 7 段速控制

1. 控制要求

某纺纱机电气控制系统由 PLC 和变频器构成，控制要求如下。

（1）定长停车。使用霍尔传感器将纱线输出轴的旋转圈数转换成高速脉冲信号，送入 PLC 进行计数，当纱线长度达到设定值（即纱线输出轴旋转圈数达到 70 000）后自动停车。

（2）在纺纱过程中，随着纱线在纱管上的卷绕，纱锭直径逐步增大，为了保证在整个纺纱过程中纱线的张力均匀，主轴应降速运行。生产工艺要求变频器输出频率曲线如图 8-11 所示，在纺纱过程中主轴转速分为 7 段速，启动频率为 50Hz，每当纱线输出轴旋转 10 000 转时，输出频率下降 1Hz，最后一段的输出频率为 44Hz。

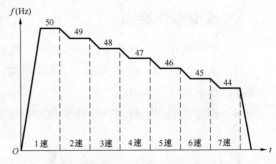

图 8-11　纺纱机变频器 7 段调速频率曲线

（3）中途因断纱停车后再次开车时，应保持为停车前的速度状态。

2. 控制电路

纺纱机变频调速控制电路如图 8-12 所示。测速功能由霍尔传感器承担，霍尔传感器 BM 有 3 个端子，分别是正极（接 L+端）、负极（接 M 端）和输出信号端（接 I0.0 端）。当纱线输出轴旋转，固定在输出轴外周上的磁钢掠过霍尔传感器表面时，产生脉冲信号送入高速脉冲输入端 I0.0 计数。

PLC 输入/输出端口的作用和变频器输入端子的功能见表 8-11。

3. 设置参数

按实习操作现场电动机设置参数，见表 8-12。

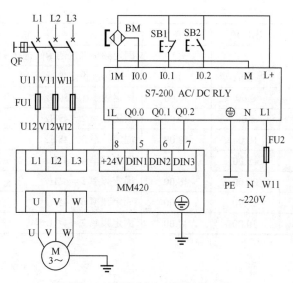

图 8-12 纺纱机变频调速控制电路

表 8-11　　　　　　　　　PLC 输入/输出端口的作用和变频器输入端子的功能

PLC 输入端口			PLC 输出端口/变频器输入端子		
输入继电器	输入元件	作用	输出继电器	输入端子	功能
I0.0	霍尔传感器 BM	高速计数	Q0.0	DIN1	固定频率二进制编码+ON
I0.1	SB1 常闭触点	停止按钮	Q0.1	DIN2	固定频率二进制编码+ON
I0.2	SB2 常开触点	启动按钮	Q0.2	DIN3	固定频率二进制编码+ON

表 8-12　　　　　　　　　　　　参数设置表

序号	参数代号	出厂值	设置值	说　　明
1	P0010	0	30	调出厂设置参数，准备复位
2	P0970	0	1	恢复出厂值
3	P0003	1	3	参数访问专家级
4	P0010	0	1	启动快速调试
5	P0304	400	380	电动机的额定电压（V）
6	P0305	1.90	0.39	电动机的额定电流（A）
7	P0307	0.75	0.06	电动机的额定功率（kW）
8	P0311	1 395	1 400	电动机的额定速度（r/min）
9	P1000	2	3	选择固定频率
10	P3900	0	1	结束快速调试，保留快速调试参数，复位出厂值
11	P0003	1	3	参数访问专家级
12	P0004	0	7	快速访问命令通道 7
13	P0700	2	2	不修改，默认外部数字端子控制
14	P0701	1	17	固定频率二进制编码选择 + ON 命令
15	P0702	12	17	固定频率二进制编码选择 + ON 命令

续表

序号	参数代号	出厂值	设置值	说　　明
16	P0703	9	17	固定频率二进制编码选择 + ON 命令
17	P0004	当前值 7	10	快速访问设定值通道 10
18	P1001	0.00	50.00	固定频率 1 = 50Hz
19	P1002	5.00	49.00	固定频率 2 = 49Hz
20	P1003	10.00	48.00	固定频率 3 = 48Hz
21	P1004	15.00	47.00	固定频率 4 = 47Hz
22	P1005	20.00	46.00	固定频率 5 = 46Hz
23	P1006	25.00	45.00	固定频率 6 = 45Hz
24	P1007	30.00	44.00	固定频率 7 = 44Hz

4. 控制程序

（1）主程序。纺纱机的 PLC 主程序如图 8-13 所示。

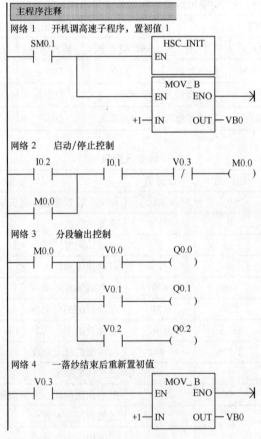

图 8-13　主程序

程序网络 1，初始化脉冲 SM0.1 调用高速计数器子程序，并使变量存储器字节 VB0 的初始值为 1，即开机时 V0.0 状态 ON。

程序网络 2，当按下启动按钮时，M0.0 通电自锁；当按下停止按钮时，M0.0 断电解除自锁。

程序网络 3，中途停车后，再次开车时为了保持停车前的速度状态，使用 VB0 保存状态数据，并用 VB0 的低 3 位（V0.0～V0.2）状态控制输出继电器的相应位（Q0.0～Q0.2）。

程序网络 4，当完成一落纱加工后重新使 VB0 的初始值为 1，为下次开车做准备。

（2）高速计数器子程序。纺纱机的高速计数器子程序由高速计数器指令向导完成，如图 8-14 所示。预置值为 10 000。

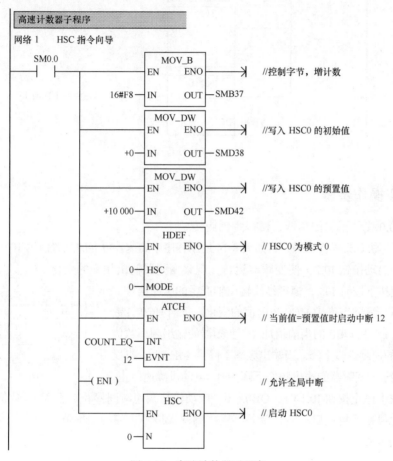

图 8-14　高速计数器子程序

（3）中断程序。纺纱机的中断程序由高速计数器指令向导完成，如图 8-15 所示。

高速计数器指令向导自动分配 I0.0 为计数信号输入端，纱线输出轴每旋转一圈，输入到 I0.0 一个脉冲信号，HC0 对高速脉冲信号计数。在当前值等于预置值时产生中断 12，在中断程序中，VB0 字节做加 1 运算，使 Q0.2、Q0.1、Q0.0 分别控制变频器数字端 DIN3、DIN2、DIN1 按二进制编码增 1，变频器按设定的 7 段固定频率控制电动机逐级降速运行。同时 HC0 重新从 0 开始计数。

当 VB0 = 8 时（总旋转圈数为 10 000 × 7 = 70 000 转），V0.3 通电，变频器（电动机）停止，VB0 重新设初值 1，为下次开车做好准备。

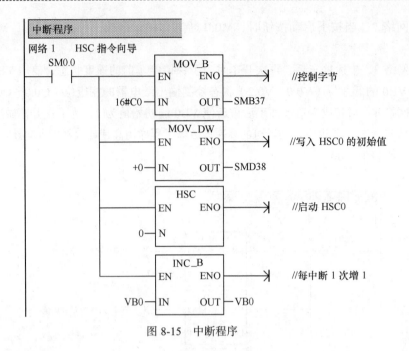

图 8-15　中断程序

5. 模拟操作步骤

用按钮 I0.0 代替霍尔传感器，模拟主轴旋转。

（1）为了尽快观察操作效果，将如图 8-14 所示程序中高速计数器的预置值由 10 000 修改为 20。

（2）按下启动按钮 I0.2，使变频器运行，观察变频器输出频率的变化。

（3）反复按下按钮 I0.0，模拟纱线输出轴产生的脉冲信号，
观察如图 8-16 所示状态表中 HC0 当前值的变化。每当 HC0 计数
值为 20 时，VB0 和 QB0 的当前值加 1，变频器的输出频率数值
减 1，电动机的速度逐步下降。当输出频率下降到 44Hz 时，再反
复接通 I0.0 端子，变频器的输出频率下降为 0，电动机减速停止。

	地址	格式	当前值
1	HC0	有符号	
2	VB0	无符号	
3	QB0	无符号	

图 8-16　状态表监控值

（4）当按下停止按钮 I0.1 时，QB0 = 0，电动机按减速时间停止，但 VB0 数值保持不变。

（5）中途停止后再次启动时，变频器输出频率保持停止前的频率值。

（6）切断电源。

8.5

变频器模拟量调速控制

8.5.1　模拟量调速概念

通常在恒温、恒压等自动化控制中，变频器往往根据来自传感器的模拟信号对电动机实施
无级调速。例如，当变频空调器用作恒温控制时，如果环境温度升高，则温度传感器信号增大，

变频空调器电动机的转速加快，使温度下降；否则变频空调器电动机的转速降低，使温度上升。温度传感器输出标准正比例单极性电压信号 0～+10V，对应此信号，变频器默认输出频率0～+50Hz，温度传感器输出电压信号的正极接入变频器的 3 脚（AIN+端），负极接入 4 脚（AIN−端）和 2 脚（0V 端）。

8.5.2 实习操作：变频器模拟量调速控制

1. 控制要求

用基本操作面板 BOP 控制变频器启动/停止，通过调节 4.7kΩ 电位器，产生模拟电压信号0～+10V，控制变频器输出 0～+50Hz，实现电动机无级变速。

2. 控制电路

变频器模拟量调速控制电路如图 8-17 所示，注意 2 脚（0V 端）和 4 脚（AIN−端）连接。

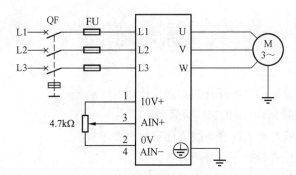

图 8-17　变频器模拟量调速控制接线图

3. 设置参数

按实习操作现场电动机设置参数，参数设置见表 8-13。

表 8-13　　　　　　　　　　　　　　　　参数设置表

序号	参数代号	出厂值	设置值	说　　　明
1	P0010	0	30	调出厂设置参数，准备复位
2	P0970	0	1	恢复出厂值
3	P0003	1	3	参数访问专家级
4	P0010	0	1	启动快速调试
5	P0304	400	380	电动机的额定电压（V）
6	P0305	1.90	0.39	电动机的额定电流（A）
7	P0307	0.75	0.06	电动机的额定功率（kW）
8	P0311	1 395	1 400	电动机的额定速度（r/min）

续表

序号	参数代号	出厂值	设置值	说　　明
9	P0700	2	1	BOP 面板控制
10	P1000	2	2	不修改，默认模拟设定频率值
11	P3900	0	1	结束快速调试，保留快速调试参数，复位出厂值

4. 操作步骤

（1）把电位器逆时针旋转到底，输出频率设定为 0。把电位器慢慢顺时针旋转到底，输出频率逐步增大，当 3 脚电压为 10V 时，输出频率达到 50Hz。

（2）启动。当按下绿色"启动"键时，电动机正转启动，输出频率随电位器转动而变化。

（3）停止。当按下红色"停止"键时，电动机减速停止。

（4）切断电源。

练习题

1. 变频器有几部分组成？各部分的功能是什么？

2. 如何恢复变频器 MM420 的出厂设置值？

3. 变频器的控制线与动力线在布线方面有什么要求？

4. 变频器维护和检查时的注意事项有哪些？

5. 操作变频器面板按键设定变频器的输出频率为 35Hz，并能控制电动机点动、正转、反转和停止。试根据现场电动机列出设置参数表。

6. 变频器数字端的功能"固定频率直接选择"和"固定频率直接选择+ON 命令"有什么异同？

7. 设数字端 DIN1 设置频率 20Hz，DIN2 设置频率 15Hz，DIN3 设置频率 10Hz，当 DIN1、DIN2 和 DIN3 同时输入有效时，变频器输出频率是多少？

8. 某电动机一个工作周期内调速运行曲线如题图 8-1 所示（斜坡时间为 5s）。

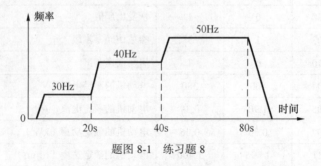

题图 8-1　练习题 8

（1）试绘出由 PLC 和变频器组成的电动机调速控制电路（有必要的控制和保护环节）。

（2）根据现场电动机列出变频器设置参数表（修改斜坡时间需要快速调试）。

（3）绘出 PLC 控制程序梯形图。

9. 如果输入变频器的正比例单极性模拟电压信号为 0～+10V 时，则变频器的输出频率范围是多少？当模拟电压信号分别为+1V、+5V 和+8V 时，对应变频器的输出频率分别是多少？

第9章

模拟量扩展模块的使用

生产过程中有许多电压、电流信号，用连续变化的数值表示温度、流量、转速、压力等工艺参数，这就是模拟量信号。这些模拟量信号限定在一定标准范围内，如 0～10V 电压或 0～20mA 电流。通常 CPU 模块只具有数字量 I/O 接口，如果要处理模拟量信号，必须为 CPU 模块配置模拟量扩展模块。模拟量扩展模块的作用是实现模/数（A/D）转换或数/模（D/A）转换，使 CPU 模块能够接受、处理和输出模拟量信号。CPU 模块与模拟量扩展模块之间的信号传输框图如图 9-1 所示。

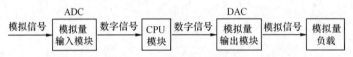

图 9-1　CPU 模块与模拟量扩展模块之间的信号传输框图

9.1 模拟量扩展模块概述

9.1.1　模拟量扩展模块的种类

S7-200 有 3 种类型的模拟量扩展模块，其型号、输入/输出数及消耗电流见表 9-1。

表 9-1　　　　　　　　　　模拟量扩展模块型号、路数及消耗电流

名　　称	型　　号	输入/输出路数	模块消耗电流（mA）	
			+5V DC	+24V DC
模拟量输入模块	EM231	4 路模拟量输入	20	60
模拟量输出模块	EM232	2 路模拟量输出	20	70
模拟量输入/输出模块	EM235	4 路模拟量输入/1 路模拟量输出	30	60

扩展模块的+5V 直流工作电源由 CPU 模块提供，扩展模块的+24V 直流工作电源由 CPU 模块的 24V 电源（或外部电源）提供，扩展模块的面板上有+24V 直流电源指示灯。

CPU 模块与扩展模块由标准导轨固定安装，各个扩展模块依次放在 CPU 模块的右侧。CPU 模块的连接端口位于机身中部右侧前盖下，扩展模块自带的 10 芯扁平通信电缆位于机身中部左侧，通信电缆插入连接后如图 9-2 所示。

图 9-2　CPU 模块与扩展模块的连接

每种 CPU 模块所提供的本机 I/O 地址是固定的。在 CPU 模块右侧连接的扩展模块的地址由 I/O 端口的类型及它在同类 I/O 链中的位置来决定，地址编码从左至右顺序排列。

模拟量扩展模块是按偶数分配地址。模拟量扩展模块与数字量扩展模块不同的是：数字量扩展模块中的保留位可以当内存中的位使用，而模拟量扩展模块因为没有内存映像，不能使用这些 I/O 地址。

模拟量输入是 S7-200 为模拟量输入信号开辟的一个存储区。模拟量输入用标识符（AI）、数据长度（W）及字节的起始地址表示，该区的数据为字（16 位）。在 CPU221 和 CPU222 中，其表示形式为：AIW0，AIW2，…，AIW30，共有 16 个字，总共允许有 16 路模拟量输入；在 CPU224 和 CPU226 中，其表示形式为：AIW0，AIW2，…，AIW62，共有 32 个字，总共允许有 32 路模拟量输入。模拟量输入值为只读数据。

模拟量输出是 S7-200 为模拟量输出信号开辟的一个存储区。模拟量输出用标识符（AQ）、数据长度（W）及字节的起始地址表示，该区的数据为字（16 位）。在 CPU221 和 CPU222 中，其表示形式为：AQW0，AQW2，…，AQW30，共有 16 个字，总共允许有 16 路模拟量输出。在 CPU224 和 CPU226 中，其表示形式为：AQW0，AQW2，…，AQW62，共有 32 个字，总共允许有 32 路模拟量输出。模拟量输出值为只写数据。

9.1.2　模拟量输出模块技术规范

模拟量输出模块的主要技术规范见表 9-2。

表 9-2　　　　　　　　　　模拟量输出模块的主要技术规范

项　　目	技　术　参　数	
隔离（现场侧到逻辑电路）	无	
输出信号范围	电压输出	±10V
	电流输出	0～20mA
数据字格式	电压	−32 000～+32 000
	电流	0～+32 000
分辨率：全量程	电压	12 位数值位
	电流	12 位数值位
精度：最差情况（0℃～55℃）	电压、电流输出	±2%满量程
精度：典型情况（25℃）	电压、电流输出	±0.5%满量程
设置时间	电压输出	100μs
	电流输出	2ms
最大驱动	电压输出	最小 5 000Ω
	电流输出	最大 500Ω
24V DC 电压范围	20.4～28.8V DC（或来自 CPU 模块的+24V 电源）	

9.1.3　模拟量输入模块技术规范

模拟量输入模块的主要技术规范见表 9-3。

表 9-3　　　　　　　　　　模拟量输入模块的主要技术规范

项　　目		技 术 参 数
隔离（现场与逻辑电路间）		无
输入范围	电压（单极性）	0～10V，0～5V
	电压（双极性）	±5V，±2.5V
	电流	0～20mA
输入分辨率	电压（单极性）	2.5mV（0～10V 时）
	电压（双极性）	2.5mV（±5V 时）
	电流	5μA（0～20mA 时）
数据字格式	单极性，全量程范围	0～+32 000
	双极性，全量程范围	−32 000～+32 000
直流输入阻抗	电压输入	≥10MΩ
	电流输入	250Ω
精度	单极性	12 位数值位
	双极性	12 位数值位
最大输入电压		30V DC
最大输入电流		32mA
模数转换时间		<250μs
模拟量输入阶跃响应		1.5ms 达到 95%
共模抑制		40dB，0～60Hz
共模电压		信号电压+共模电压（必须≤±12V）
24V DC 电压范围		20.4～28.8V DC（或来自 CPU 模块的+24V 电源）

9.2

模拟量输入/输出模块 EM235 的使用

9.2.1　EM235 的设置

模拟量输入/输出模块 EM235 的外部接线如图 9-3 所示。上部有 12 个端子，每 3 个端子为一组，共 4 组，每组可作为 1 路模拟量的输入通道（电压信号或电流信号），4 路模拟量地址分别是 AIW0、AIW2、AIW4 和 AIW6。输入电压信号时，用 2 个端子（如 A+、A−）。输入电流信号时，用 3 个端子（如 RC、C+、C−），其中 RC 与 C+端子短接。未用的输入通道应短接（如

B+、B−）。为了抑制共模干扰，信号的负端要连接到扩展模块 24V 直流电源的 M 端子。

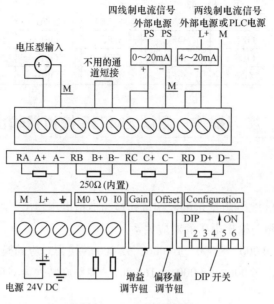

图 9-3　EM235 接线图

EM235 下部电源端右边的 3 个端子是 1 路模拟量输出（电压或电流信号），地址是 AQW0。V0 端接模拟电压负载，I0 端接模拟电流负载，M0 端为输出公共端。

模拟量输出端的右边分别是增益校准电位器、偏移量校准电位器（在没有精密仪器情况下，请不要调整）和 DIP 开关。选择模拟量输入量程和精度的 DIP 开关（SW1～SW6）设置见表 9-4，DIP 开关向上拨动为 ON 位置。

表 9-4　　　　用来选择模拟量输入量程和精度的 EM 235 DIP 开关设置表

单　极　性						满量程输入	分　辨　率
SW1	SW2	SW3	SW4	SW5	SW6		
ON	OFF	OFF	ON	OFF	ON	0～50mV	12.5μV
OFF	ON	OFF	ON	OFF	ON	0～100mV	25μV
ON	OFF	OFF	OFF	ON	ON	0～500mV	125μV
OFF	ON	OFF	OFF	ON	ON	0～1V	250μV
ON	OFF	OFF	OFF	OFF	ON	0～5V	1.25mV
ON	OFF	OFF	OFF	OFF	ON	0～20mA	5μA
OFF	ON	OFF	OFF	OFF	ON	0～10V	2.5mV
双　极　性						满量程输入	分　辨　率
SW1	SW2	SW3	SW4	SW5	SW6		
ON	OFF	OFF	ON	OFF	OFF	±25mV	12.5μV
OFF	ON	OFF	ON	OFF	OFF	±50mV	25μV
OFF	OFF	ON	ON	OFF	OFF	±100mV	50μV
ON	OFF	OFF	OFF	ON	OFF	±250mV	125μV
OFF	ON	OFF	OFF	ON	OFF	±500mV	250μV
OFF	OFF	ON	OFF	ON	OFF	±1V	500μV

续表

	双　极　性					满量程输入	分　辨　率
SW1	SW2	SW3	SW4	SW5	SW6		
ON	OFF	OFF	OFF	OFF	OFF	±2.5V	1.25mV
OFF	ON	OFF	OFF	OFF	OFF	±5V	2.5mV
OFF	OFF	ON	OFF	OFF	OFF	±10V	5mV

9.2.2　实习操作：测试 EM235 模拟量输出功能

1.　测试内容

使用 EM235（或 EM232）将给定的数字量转换为模拟电压输出，用数字万用表测量并记录输出电压值，分析数字量与输出电压的对应关系。

（1）将正数 2 000，4 000，8 000，16 000，32 000 转换为对应的模拟电压值。

（2）将负数 -2 000，-4 000，-8 000，-16 000，-32 000 转换为对应的模拟电压值。

2.　操作步骤

（1）连接 CPU 模块与模拟量输出扩展模块。用 10 芯扁平电缆连接 CPU226 与 EM235，用 PLC 的 24V 直流电源为 EM235 供电。接通 PLC 电源，EM235 的 +24V 电源指示灯亮。

（2）编写和下载输入正数的 PLC 程序。PLC 程序如图 9-4 所示，开机时常数 +2 000 传送到 VW0。每当 I0.0 接通一次时，VW0 做乘 2 运算，运算结果从 AQW0 输出。

（3）连接测量电路。数字万用表的表笔连接 EM235 的模拟电压输出端 V0 和 M0，选择直流电压挡位 20V 量程。当按钮 I0.0 每接通一次时，测量输出电压值并填入表 9-5 中。若 VW0 数值大于 32 000，模拟电压值应保持 10V 不变。

表 9-5　　　　　　　　　　输出正的模拟电压值

VW0 数据	2 000	4 000	8 000	16 000	32 000
模拟电压理论值（V）	0.625	1.25	2.50	5.00	10.00
模拟电压测量值（V）					

（4）修改和下载输入负数的 PLC 程序。PLC 程序如图 9-4 所示，在程序网络 1 中，将传送数据 +2 000 修改为 -2 000。测量方法同（3），测量结果填入表 9-6 中。

表 9-6　　　　　　　　　　输出负的模拟电压值

VW0 数据	-2 000	-4 000	-8 000	-16 000	-32 000
模拟电压理论值（V）	-0.625	-1.25	-2.50	-5.00	-10.00
模拟电压测量值（V）					

3.　分析测量结果

根据测量结果做出给定数字量与输出模拟电压值的关系曲线如图 9-5 所示。可以看出，在 -32 000～+32 000 范围内，数字量与模拟电压值成线性正比关系。当数字量为正数时，模拟电压为正值；当数字量为负数时，模拟电压为负值。

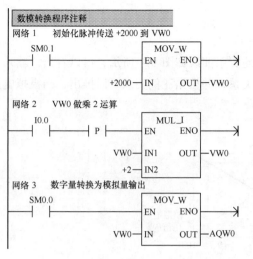

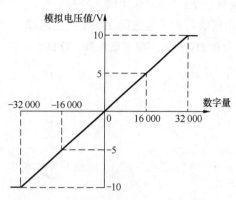

图 9-4　输入正数的 PLC 程序

图 9-5　数字量与输出模拟电压值的关系曲线

9.2.3　实习操作：测试 EM235 模拟量输入功能

1．测试内容

使用 EM235（或 EM231）将输入模拟电压转换为数字量存入 VW0，并且分析模拟电压值与数字量的对应关系。

2．操作步骤

（1）选择模拟量输入量程与精度。EM235 的 DIP 开关 SW1～SW6 设置为 010001 状态，选择输入电压量程 0～10V，分辨率 2.5mV。

（2）连接 CPU 模块与模拟量输入扩展模块。用 10 芯扁平电缆连接 CPU226 与 EM235，用 PLC 的 24V 直流电源为 EM235 供电。接通 PLC 电源，EM235 的 +24V 电源指示灯亮。

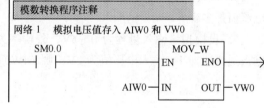

（3）编写 PLC 程序。PLC 程序如图 9-6 所示，SM0.0 在程序运行时保持接通，读取模拟量输入 AIW0 中的数字量并传送到变量寄存器 VW0。

图 9-6　测试模拟量输入模块功能的程序

（4）测量干电池的电压值，填入表 9-7 中。

（5）将两个干电池分别按极性接入模拟电压第 1 个输入通道 A+、A−端，从 PLC 的状态监控表中读出 AIW0 和 VW0 中寄存的数字量，填入表 9-7 中。

表 9-7　　　　　　　　　　　　输入模拟电压与对应的数字量

笔者测试	电池电压（V）	1.59	9.71
	数字量 AIW0、VW0	5 103	31 176
读者测试	电池电压（V）		
	数字量 AIW0、VW0		

3. 分析测量结果

根据测量结果做出输入模拟电压值与数字量的关系曲线如图 9-7 所示，可以看出，输入模拟电压值与数字量之间在一定范围内成线性正比关系，并根据比例关系可以推出，当模拟电压值为 0～10V 时，数字量为 0～32 000。

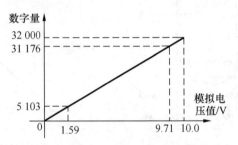

图 9-7 输入模拟电压值与数字量关系曲线

练习题

1. 模拟量输入扩展模块的功能是什么？其输入/输出信号类型是什么？

2. 模拟量输出扩展模块的功能是什么？其输入/输出信号类型是什么？

3. 模拟量输入/输出映像区 AIW0 和 AQW0 中存储的是数字量还是模拟量？

4. 设传送到 AQW0 的数据为 15 000，则通过模拟量输出扩展模块输出的电压值是多少？电流值是多少？

5. 设模拟量输入量程为 0～5V，分辨率为 1.25mV，则 EM235 的 DIP 开关怎样设置？若输入通道选择 1，输入电压值为 2V，则 AIW0 数值是多少？

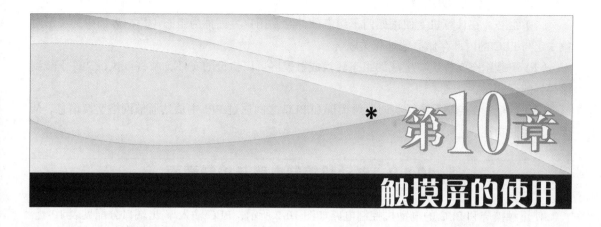

第10章

触摸屏的使用

触摸屏是"人"与"机"相互交流信息的窗口，具有操作直观、使用方便、交互信息量大等优点。只要用手指轻轻地触及屏幕上的图形，便可以控制设备运转、输入各种控制参数和监控不断变化的信息。

10.1 用触摸屏控制电动机启动/停止

10.1.1 触摸屏 TP177A 概述

西门子触摸屏 TP177A 显示区为 115mm×86mm（6″），分辨率 320×240 像素，半亮度寿命典型值 5 万小时。最多配置 250 个显示画面，每个画面使用的变量最多 20 个；使用变量数目 250 个；离散量报警最多 500 个，报警变量数目 8 个；500 个文本对象；1 个 RS-485 通信端口。

触摸屏 TP177A 供电电源为直流 24V，典型工作电流 240mA，最大工作电流 300mA。由于 CPU226 的 24V 直流电源容量仅为 400mA（CPU221、CPU222 为 180mA；CPU224 为 280mA），所以另设 24V 外部直流电源为触摸屏供电。

触摸屏与 PLC 构成 PPI 网络，系统默认触摸屏是主站，PLC 是从站。在通信网络中，触摸屏只能作为主站，PLC 作为从站或主站均可。

触摸屏的组态与运行过程如图 10-1 所示。

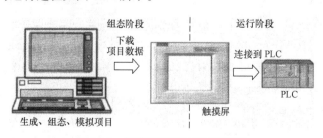

图 10-1　触摸屏的组态与运行过程

（1）组态。在计算机上使用西门子组态软件绘制用户界面称为组态（用户界面中的图形对象一定与 PLC 的内部存储器地址相关联）。

（2）下载组态文件。将生成的组态转换成触摸屏可以执行的文件，并将可执行文件下载到触摸屏的存储器。

（3）运行。在控制系统运行时，触摸屏和 PLC 之间通过 PPI 主从站通信网络交换信息，从而实现控制功能。

10.1.2　电动机控制电路与控制画面

使用触摸屏和 PLC 的电动机控制电路如图 10-2 所示，PLC 输入/输出端口分配见表 10-1。

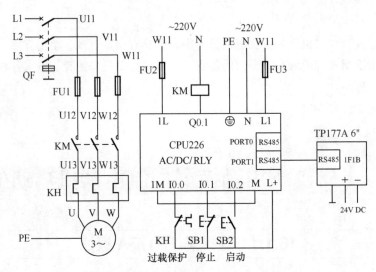

图 10-2　使用触摸屏和 PLC 的电动机控制电路

表 10-1　　　　　　　　　　　　　输入/输出端口分配表

输 入 端 口			输 出 端 口		
输入继电器	输入器件	作用	输出继电器	输出器件	控制对象
I0.0	KH 常闭触点	过载保护	Q0.1	接触器 KM	电动机 M
I0.1	SB1 常闭触点	停止按钮			
I0.2	SB2 常开触点	启动按钮			

CPU226 的通信端口 1 使用网络连接器电缆（或自制 RS-485 网络电缆）与触摸屏的通信端口 1F1B 连接，构成 PPI 主从站通信网络。

通过如图 10-3 所示的触摸屏画面对电动机进行控制，并用显示/隐藏的圆形图标表示电动机的运转/停止状态。画面中的启动按钮与 M0.0 关联，停止按钮与 M0.1 关联，显示电动机运转状态的圆形图标与 Q0.1 关联。

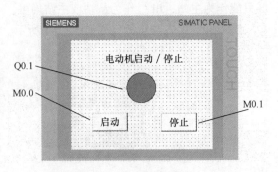

图 10-3　触摸屏控制画面

10.1.3 设置 PLC 通信端口与下载 PLC 控制程序

1. 设置 PLC 通信端口

由于触摸屏的最小波特率为 19.2kbit/s，为了通信和下载方便，可将计算机和 PLC 的波特率都设为与触摸屏相同。CPU226 有两个通信端口，其中端口 0 与计算机连接，下载和监控 PLC 程序，端口 1 则与触摸屏构成 PPI 网络。单击 PLC 程序左侧的"系统块"，默认端口 0 和端口 1 的地址为 2，波特率修改为 19.2kbit/s，如图 10-4 所示。若使用的 CPU 模块只有一个通信端口，则端口地址默认为 2，波特率修改为 19.2kbit/s。计算机通信端口的波特率也设为 19.2kbit/s。

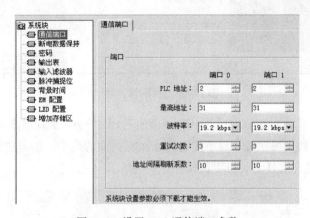

图 10-4　设置 PLC 通信端口参数

2. PLC 控制程序

PLC 控制程序如图 10-5 所示。在程序中，启动按钮 I0.2 与组态画面的"启动"按钮 M0.0 并联，停止按钮 I0.1 与组态画面的"停止"按钮 M0.1 串联，以实现两处启动/停止控制。

用编程电缆将计算机与 PLC 通信端口 0 连接，将控制程序下载到 PLC 中。在下载选项中要选中"系统块"，因为系统块设置参数必须下载以后才能生效。

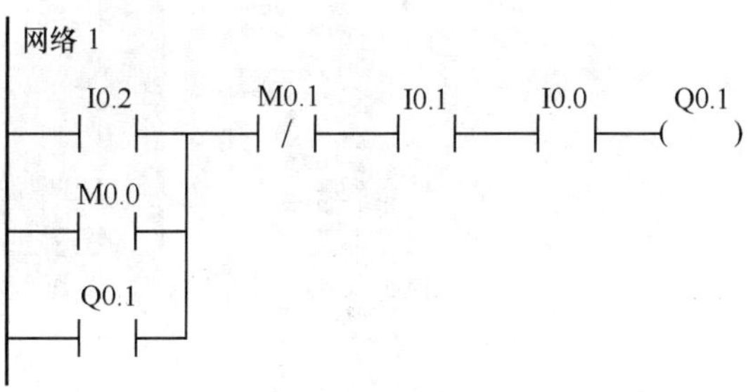

网络 1

```
  I0.2      M0.1   I0.1   I0.0        Q0.1
  ─┤├──┬──────┤/├───┤├─────┤├────────( )
  M0.0 │
  ─┤├──┤
  Q0.1 │
  ─┤├──┘
```

图 10-5　PLC 控制程序

10.1.4 组态过程

1. 创建新项目

西门子组态软件 SIMATIC WinCC flexible 2008 SP4 的安装很简单，单击 Setup.exe 安装文件，选择"最小安装"和"中文界面"，其他设置默认即可。安装完成后双击 Windows 桌面上"WinCC flexible"图标，在首页界面选择"创建一个空项目"，在出现的设备类型对话框中选择所使用的触摸屏型号，"Panels"→"170"→"TP 177A 6″"。操作界面如图 10-6 所示。

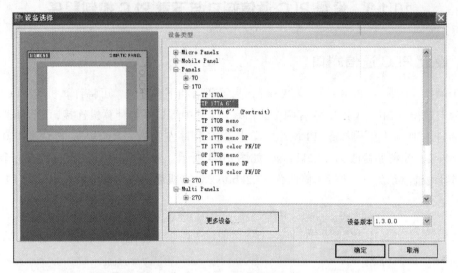

图 10-6　选择触摸屏型号

单击"确定"，即可生成项目窗口，其用户界面如图 10-7 所示，默认组态画面名称为"画面_1"。可以使用工具栏上的放大按钮 ⊕ 和缩小按钮 ⊖ 来调整画面的大小。单击主菜单"项目"→"保存"，选择合适的路径和文件名，将项目保存。

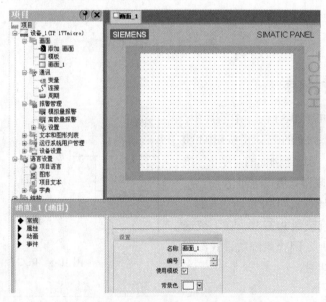

图 10-7　WinCC flexible 的用户界面

2. 配置通信连接

必须为触摸屏配置通信连接后才能与 CPU 模块构成 PPI 通信网络。

（1）在 WinCC flexible 项目树中，选择"项目"→"通信"→"连接"，双击"连接"，打开连接编辑器。

（2）双击"名称"下面的空白处，表内自动生成了一个连接，其默认名称为"连接_1"，通讯驱动程序选择"SIMATIC S7-200"，在"在线"列选中"开"。连接表下面的参数视图中给出了通信连接的参数、PLC 地址和网络配置。要注意选择最小的波特率"19200"，选择"MPI"配置文件。默认 TP177 A 6″的地址为"1"，选中"总线上的唯一主站"。默认 PLC 的地址为"2"，如图 10-8 所示。波特率和 PLC 地址必须与 CPU 模块通信端口的设置参数一致。

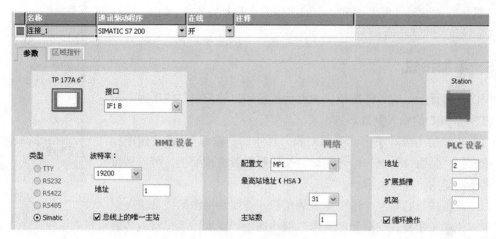

图 10-8　通信连接编辑器

3．建立变量

用户界面中的图形对象称为变量，变量的地址必须与 PLC 程序的地址相关联。当选择不同厂家或类型的 PLC 时，触摸屏的变量地址自动匹配 PLC。

在 WinCC flexible 项目树中，选择"项目"→"通信"→"变量"，打开变量编辑器，双击名称下面的空白处，表内自动生成了一个变量，其默认名称为"变量_1"，更名为"启动按钮"，默认"连接_1"，选择数据类型为布尔"Bool"，选择地址为"M0.0"，选择采集周期"100ms"。变量"停止按钮"与 M0.1 关联，变量"电动机"与 Q0.1 关联，如图 10-9 所示。

名称	连接	数据类型	地址	数组计数	采集周期	注释
启动按钮	连接_1	Bool	M 0.0	1	100 ms	
停止按钮	连接_1	Bool	M 0.1	1	100 ms	
电动机	连接_1	Bool	Q 0.1	1	100 ms	

图 10-9　建立变量

4．显示工具箱

单击主菜单"视图"→"工具"，在"画面_1"右侧出现工具箱，用户可以在箱中选择需要的图形对象。例如，在"简单对象"栏中包含线、圆、文本域、按钮、日期时间等，如图 10-10所示。

5. 添加文本域

使用"文本域"可以在屏幕上添加文字信息，修改字体类型、大小和显示方式。

单击"简单对象"栏中的"A 文本域"，将其拖入到"画面_1"中，默认的文本为"Text"，在属性视图中更改文本为"电动机启动/停止"。选中"属性"→"文本"可以更改文本的字体大小和对齐方式，如图 10-11 所示。

6. 添加按钮

可以在屏幕上生成各种按钮，如点动按钮和自锁按钮。使用屏幕按钮可以节省 PLC 的输入点数。

（1）按钮的生成。单击"简单对象"栏中的"按钮"，将按钮图标 OK 拖放到"画面_1"上，松开左键，按钮被放置在画面上。可以用鼠标来调整按钮的位置和大小。

（2）设置按钮的属性。选中生成的按钮，在属性视图的"常规"对话框中，使"按钮模式"框和"文本"框均选中"文本"项，写入"启动"文字，如图 10-12 所示。若未出现属性视图，则单击主菜单"视图"→"属性"。

图 10-10　工具箱中的
简单工具

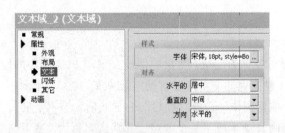

图 10-11　修改文本属性

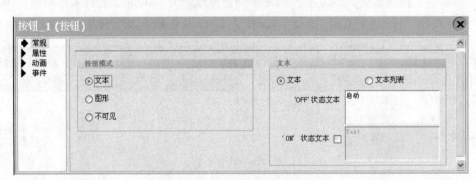

图 10-12　按钮的常规属性

在属性视图的"文本"对话框中，可以定义按钮上文本的字体大小和对齐方式，如图 10-13 所示。

（3）设置按钮的功能。在属性视图的"事件"类的"按下"对话框中，单击视图右侧最上面一行，再单击它的右侧出现的▼键（在单击之前它是隐藏的），单击出现的系统函数列表的"编辑位"文件夹中的函数"SetBit"（置位），如图 10-14 所示。

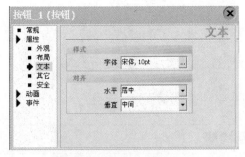

图 10-13　按钮的文本格式

图 10-14　按钮按下时执行的函数

单击表中第 2 行右侧隐藏的▼按钮，打开出现的对话框，单击其中的变量"启动按钮 M0.0"，如图 10-15 所示。即完成了"启动按钮"图形对象与变量 M0.0 的关联，系统运行后按下该按钮时，变量 M0.0 置位为 1。

用同样的方法，在属性视图的"事件"类的"释放"对话框中，设置释放按钮时系统函数为"ResetBit"。即该按钮具有点动按钮的功能，按下按钮时变量置位，释放按钮时变量复位。

（4）复制停止按钮。单击画面上组态好的启动按钮，先后执行"编辑"菜单中的"复制"和"粘贴"命令，生成一个相同的按钮。用鼠标调节

图 10-15　按钮按下时操作的变量

它的位置，选中属性视图的"常规"组，将按钮上的文本修改为"停止"，并与变量"停止按钮 M0.1"关联起来。

7.　添加运转指示灯

（1）指示灯的生成。单击"简单对象"栏中的"圆"，将其中的圆形图标●拖放到画面上，松开左键，圆形图标被放置在画面上。可以用鼠标来调整圆形图标的位置和大小。

（2）设置圆形图标的属性。选中生成的圆形图标，在属性视图的"外观"对话框中进行设置：边框颜色和填充颜色均为黑色，填充样式均为实心，如图 10-16 所示。

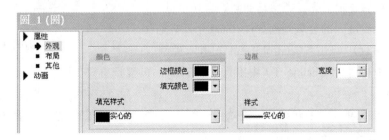

图 10-16　运转指示灯

（3）设置圆形图标的出现与电动机运转状态相关联。在动画视图的"可见性"类的"变量"对话框中，选择"启用"，单击"变量"右侧出现的▼键，选择"电动机"，选择对象状态为隐藏，即电动机停止时，该圆形图标隐藏；电动机运转时，该圆形图标可见，如图10-17所示。

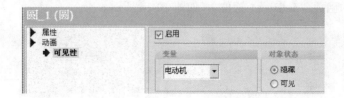

图 10-17　运转指示灯与电动机运转状态相关联

10.1.5　编译检查

组态画面完成后，可保存并进行编译检查。单击主菜单"项目"→"编译器"→"生成"，输出组态画面编译检查报告，无错误和警告信息方为成功，如图10-18所示。如果报告中提示有错误或警告信息，则必须排除。若不显示输出信息，可单击主菜单"视图"→"输出"。

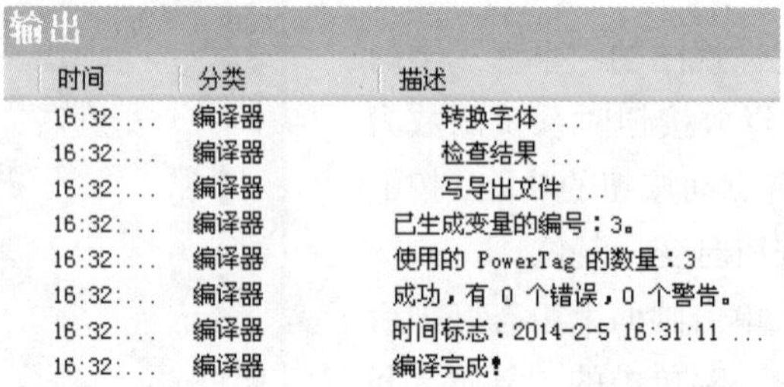

输出

时间	分类	描述
16:32:...	编译器	转换字体 ...
16:32:...	编译器	检查结果 ...
16:32:...	编译器	写导出文件 ...
16:32:...	编译器	已生成变量的编号：3。
16:32:...	编译器	使用的 PowerTag 的数量：3
16:32:...	编译器	成功，有 0 个错误，0 个警告。
16:32:...	编译器	时间标志：2014-2-5 16:31:11 ...
16:32:...	编译器	编译完成！

图 10-18　组态画面编译检查报告

10.1.6　将组态下载触摸屏

使用PC/PPI编程电缆将计算机与触摸屏连接，如图10-19所示。连接触摸屏电源时，请参见触摸屏背面的电源引出线标志，先拔出连接板与电源线连接，然后再将连接板插入触摸屏。触摸屏安装有电源极性反向保护电路。

触摸屏第一次通电，首先要设置触摸屏的通信参数。触摸屏开机后显示器亮，在启动期间，会显示进度条。启动结束后进入的装载画面如图10-20所示（装载画面大约持续3s）。点击"Control Panel"，进入控制

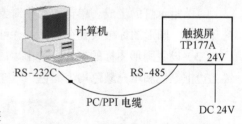

图 10-19　计算机与触摸屏的通信连接

面板页面，选中通道1（Channel 1）中串行（Serial）后的复选框，如图10-21所示，单击"OK"退出。

在图10-20中，单击"Transfer"，进入传送等待页面，显示空白传送进度条（单击"Start"，直接进入已下载的组态画面）。

组态画面完成编译后，单击工具栏中的传送 ，进入选择设备传送页面，如图10-22所示。默认触摸屏设备为"TP 177A 6″"，模式选择"RS232/PPI多主站电缆"，端口选择COM1，波特率选择最小（115 200），单击"传送"，在组态界面和屏幕上均显示动态的传送进度条，下载完成后屏幕上显示出组态画面。当触摸屏断电后再次开机时，如果不选择传送，则延时3s后自

动进入组态画面。

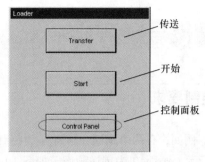

图 10-20 装载选项

图 10-21 传送设置页面

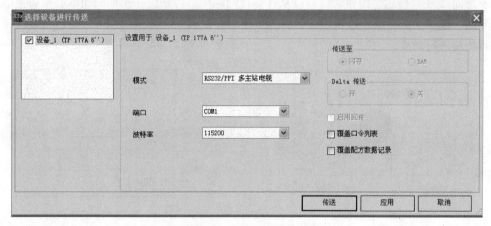

图 10-22 选择设备进行传送

如果提示下载失败，可尝试将计算机的波特率修改为19.2kbit/s；如果CPU模块有两个通信端口，可关闭与编程软件STEP 7-Micro/WIN V 4.0的通信。

10.1.7 实习操作步骤

（1）用编程电缆分别将计算机中的 PLC 程序和组态画面下载到 PLC 和触摸屏。注意在带电状态下插拔通信电缆易损坏通信端口，所以在插拔通信电缆前要断开 PLC 和触摸屏的电源。

（2）下载完成后用网络连接器（或自制 RS-485 网络电缆）连接触摸屏通信端口 1F1B 与 PLC 的通信端口 1，组成主从两站的 PPI 网络。

（3）当触及组态画面"启动"按钮或按下启动按钮 SB2 时，M0.0 或 I0.2 常开触点闭合，使输出继电器 Q0.1 通电自锁，交流接触器 KM 通电，电动机 M 通电运转。在触摸屏上显示电动机运转的圆形图标。

（4）当触及组态画面"停止"按钮或按下停止按钮 SB1 时，M0.1 或 I0.1 触点分断，使输出继电器 Q0.1 断电解除自锁，交流接触器 KM 失电，电动机 M 断电停止。触摸屏上显示电动机运转的圆形图标消隐。

（5）操作完毕后切断控制电路全部电源。

10.2 画面切换与显示时钟信息

10.2.1 控制要求

根据控制需要可以在触摸屏上设置多个画面。例如，有两个画面，画面_1 为控制画面，用来控制电动机运行和显示时钟信息，如图 10-23 所示。画面_2 为传送画面，如图 10-24 所示，当触及画面_2 中“传送”按钮时，可以从计算机向触摸屏传送组态画面，而不必重新上电返回装载界面，这一功能在组态过程中使用特别方便。控制画面和传送画面可以通过触及画面下部的切换按钮进行切换。

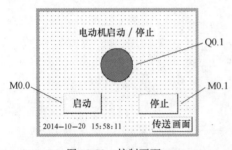

电动机启动 / 停止
Q0.1
M0.0
M0.1
启动
停止
2014—10—20 15:58:11
传送画面

图 10-23 控制画面

传送
控制画面

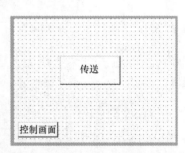

图 10-24 传送画面

10.2.2 设置时钟与编写 PLC 控制程序

触摸屏与 CPU 模块做时钟同步时，以 CPU 模块的时钟为基准。连线 CPU 226，单击 PLC 编程软件主菜单“PLC”→“实时时钟…”，在弹出的“PLC 时钟操作”对话框中单击“读取 PC”按钮，则读取计算机当前日期和时间到 PLC。PLC 控制程序如图 10-25 所示，将实时时钟信息装入以 VB100 为起始地址的变量存储器中。

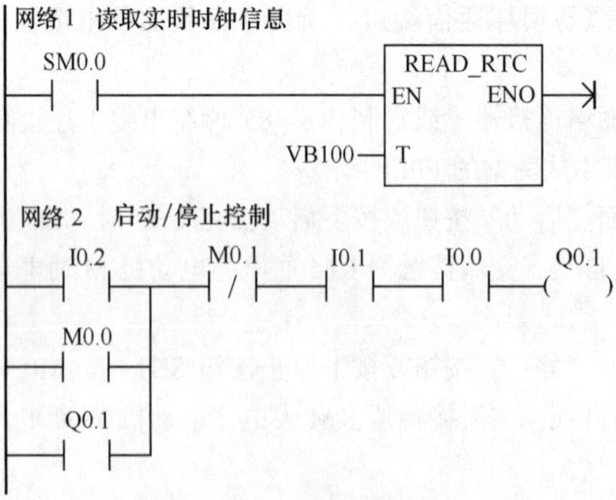

网络 1 读取实时时钟信息
SM0.0
READ_RTC
EN
ENO
VB100
T
网络 2 启动/停止控制
I0.2
M0.1
I0.1
I0.0
Q0.1
M0.0
Q0.1

图 10-25 PLC 控制程序

10.2.3　组态过程

1. 打开已有项目

双击 Windows 桌面上 "WinCC flexible" 图标，选择 "打开最新编辑过的项目"，单击在本章第 1 节中已保存的项目文件名，进入组态画面编辑界面。

2. 修改画面名称

在画面编辑器属性对话框中将 "画面_1" 修改为 "控制画面"。

3. 设置和添加日期时间域

在触摸屏上显示日期和时间有利于操作者掌握与生产活动相关的时间信息。

（1）在 WinCC flexible 项目树中，选择 "项目" → "通信" → "连接"，双击 "连接"，打开连接编辑器。

（2）单击 "区域指针"，单击 "日期/时间 PLC" 前面的连接列，选择现有的连接。再选择 PLC 中存储日期时间的 V 存储器起始地址，在本例中是 VW100。触发模式和采集周期使用默认的 "循环连续" 和 "1min"，如图 10-26 所示。

图 10-26　设置时钟同步区域指针

（3）单击 "简单对象" 栏中的 "日期时间域"，将其拖放到控制画面的左下角，可以用鼠标来调整日期时间域的位置。在属性视图的 "常规" 对话框中，选择类型为 "输入/输出" 模式，选择格式为 "显示日期" 和 "显示时间"，在过程对话框中选择 "显示系统时间"，如图 10-27 所示。

图 10-27　设置日期时间域属性

4. 添加画面_2

在 WinCC flexible 项目树中，选择"项目"→"画面"→双击"添加画面"，建立一个新画面"画面_2"，并将画面_2 改名为"传送画面"，如图 10-28 所示。

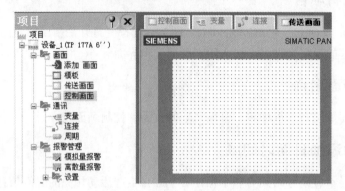

图 10-28　将画面_2 改名为传送画面

5. 添加传送按钮并设置功能

在传送画面中添加一个按钮，在"常规"和"属性"中加入文本"传送"并设置字体。在事件中选择"单击"，选择"设置"中的函数 SetDeviceMode，如图 10-29 所示。在函数的下一行"运行模式"中选择"下载"。

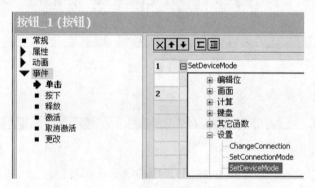

图 10-29　添加传送按钮功能

6. 生成画面切换按钮

（1）打开控制画面，将 WinCC flexible 项目树中"项目"→"画面"→"传送画面"拖动到控制画面的右下角，生成"传送画面"切换按钮，触及该按钮将进入传送画面。

（2）打开传送画面，将 WinCC flexible 项目树中"项目"→"画面"→"控制画面"拖动到传送画面的左下角，生成"控制画面"切换按钮，触及该按钮将进入控制画面。

10.2.4　仿真测试

组态画面完成后，可进行仿真测试。单击WinCC flexible主菜单"项目"→"编译器"→"启动运行系统"。系统输出组态画面编译检查报告,如果成功则显示仿真组态画面,在仿真控制画面中单击"传送画面"切换按钮,则显示传送画面;在仿真传送画面中单击"控制画面"切换按钮,则显示控制画面。仿真结果符合控制要求。

10.2.5 实习操作步骤

(1)将组态画面下载到触摸屏,触摸屏与 PLC 组成 PPI 网络,在控制画面上显示当前日期和时间信息。如果触摸屏未与 PLC 组成 PPI 网络,则在控制画面上显示的是触摸屏的初始日期和时间信息。

(2)在触摸屏上触击画面切换按钮,"控制画面"和"传送画面"可以相互切换。点击"传送画面"中的"传送"按钮,可以再次从计算机向触摸屏下载组态画面。

(3)对电动机的操作同本章 10.1.7。

10.3 触摸屏故障报警

10.3.1 控制要求和控制电路

具有触摸屏故障报警功能的电动机控制电路如图 10-30 所示,PLC 输入/输出端口分配见表 10-2。该控制电路具有过载故障和设备车门打开故障自停保护功能,当因故障自停时触摸屏自动报警并显示故障现象和处理措施,这一功能可以帮助设备维修人员快速排除故障。

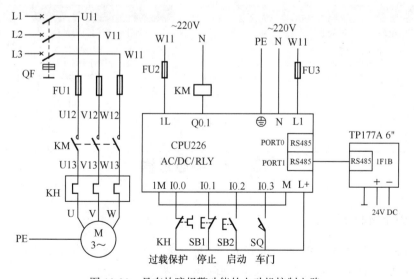

图 10-30 具有故障报警功能的电动机控制电路

表 10-2   输入/输出端口分配表

输 入 端 口			输 出 端 口		
输入继电器	输入器件	作用	输出继电器	输出器件	控制对象
I0.0	KH 常闭触点	过载保护	Q0.1	KM	电动机 M
I0.1	SB1 常闭触点	停止按钮			
I0.2	SB2 常开触点	启动按钮			
I0.3	SQ 常开触点	车门打开保护			

用户画面有 2 个，其中画面 1 是控制画面，用来控制电动机的运行；画面 2 是传送画面，用来传送组态画面。当出现故障时，触摸屏弹出故障报警窗口叠加在控制画面上，报警指示器闪烁，如图 10-31 所示。

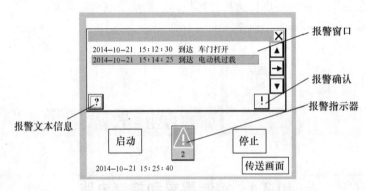

图 10-31   故障报警窗口叠加在控制画面上

例如，当热继电器过载保护动作时，报警窗口弹出"何日何时出现电动机过载"的故障信息，触及报警文本信息按钮⟨?⟩，出现如图 10-32（a）所示的故障信息文本界面，显示检查和排除故障的措施。排除故障之后，点击报警确认按钮⟨!⟩，报警窗口和报警指示器自动消失，方可重新启动电动机。车门打开故障信息文本如图 10-32（b）所示。

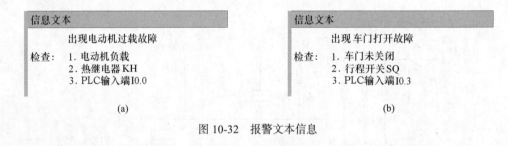

图 10-32   报警文本信息

10.3.2 组态过程

1. 打开已有项目

双击 Windows 桌面上"WinCC flexible"图标，选择"打开最新编辑过的项目"，单击在本章第 2 节中已保存的项目文件名，进入组态画面编辑界面。

2. 创建报警画面

报警窗口和报警指示器只能在画面模板中进行组态。在 WinCC flexible 项目树中，选择“项目”→“画面”→双击“模板”图标，打开模板画面。将工具箱“增强对象”栏中的“报警窗口”与“报警指示器”图标拖放到画面模板中，如图 10-33 所示。

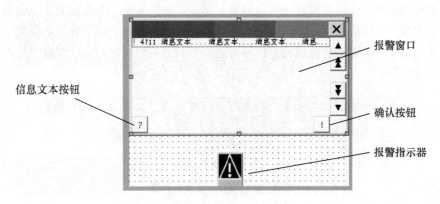

图 10-33　模板中的报警窗口与报警指示器

在报警窗口“属性”→“显示”框中，选中“信息文本”按钮和“确认”按钮，如图 10-34 所示，否则这两个按钮不会出现在报警窗口中。

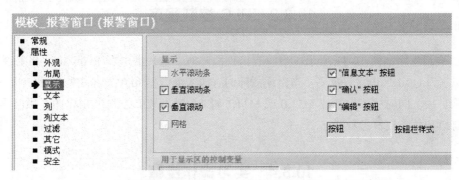

图 10-34　在报警窗口属性中选中“信息文本”和“确认”按钮

3. 添加报警变量控制字

离散量报警如果置位了 PLC 中特定的位，触摸屏就触发报警。报警变量的长度必须为字。在变量表中创建字型（Word）变量“故障信息”，存储地址为“MW10”，如图 10-35 所示。因为一个字型（Word）变量有 16 位，所以可以表示 16 个离散量报警。

名称	连接	数据类型	地址	数组计数	采集周期	注释
电动机	连接_1	Bool	Q 0.1	1	100 ms	
故障信息	连接_1	Word	MW 10	1	1 s	
启动按钮	连接_1	Bool	M 0.0	1	100 ms	
停止按钮	连接_1	Bool	M 0.1	1	100 ms	

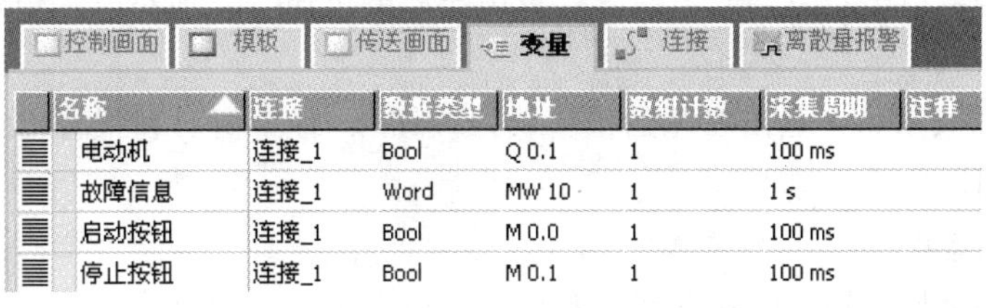

图 10-35　添加报警变量控制字 MW10

4. 添加离散量报警变量

离散量报警即是数字量报警。在 WinCC flexible 项目树中，选择"项目"→"报警管理"→双击"离散量报警"图标，在离散量报警编辑器中单击表格的第 1 行，输入报警文本（对报警的描述）"电动机过载"，如图 10-36 所示。报警的编号用于识别报警，是自动生成的。离散量报警用指定的报警字变量内的某一位来触发，单击"触发变量"右侧的▼，在变量列表中选择已定义的变量"故障信息"。选择"触发器位"为 0，当"故障信息"的第 0 位置 1 时就触发了电动机过载报警。即电动机过载故障报警与地址 M11.0 关联；同理，车门打开故障报警与地址 M11.1 关联。

图 10-36 离散量报警编辑器

在"电动机过载"的属性视图中，选择"属性"→"信息文本"，输入电动机过载故障时如何检查的信息文本。用相同的方法输入车门打开故障时的检查信息文本，如图 10-32 所示。

10.3.3 PLC 控制程序

PLC 控制程序如图 10-37 所示。当没有出现故障时，输入继电器 I0.0、I0.1 和 I0.3 均处于接通状态，为 Q0.1 通电做好准备。当出现故障时，输入继电器 I0.0 或 I0.3 处于分断状态，Q0.1 断电解除自锁。同时故障控制位 M11.0 或 M11.1 置 1，触发故障控制字 MW10，触摸屏显示故障报警窗口和故障报警指示器。

10.3.4 实习操作步骤

（1）启动电动机。

（2）断开行程开关 SQ 的常开触点，模拟车门打开故障，则电动机自动停止，屏幕上显示报警窗口、报警指示器及车门打开故障信息，如图 10-31 所示。

（3）断开热继电器 KH 的常闭触点，模拟电动机过载故障，屏幕上同时显示电动机过载故障信息，如图 10-31 所示。

（4）选中报警窗口中发生的故障信息，点击左侧的按钮?，显示故障检查信息文本，如图 10-32 所示。

（5）排除全部故障后，点击右侧的报警确认按钮!，报警窗口和报警指示器一同消隐，重新显示出控制画面。

（6）可重新启动电动机。

（7）操作完毕后切断控制电路全部电源。

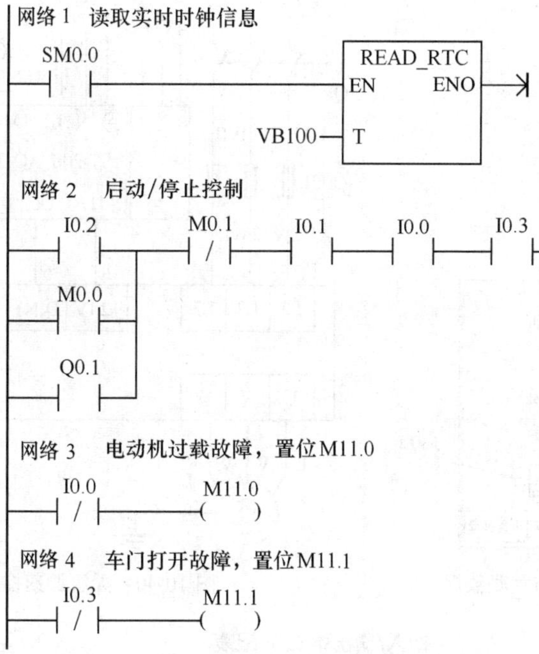
网络 1 读取实时时钟信息
SM0.0
READ_RTC
EN
ENO
VB100
T
网络 2 启动/停止控制
I0.2
M0.1
I0.1
I0.0
I0.3
Q0.1
M0.0
Q0.1
网络 3 电动机过载故障，置位M11.0
I0.0
M11.0
网络 4 车门打开故障，置位M11.1
I0.3
M11.1

图 10-37 PLC 控制程序

10.4 使用触摸屏实现无级调速

10.4.1 控制要求和控制电路

在实际生产中，当产品型号或生产工艺发生变化时往往需要调整电动机的转速，这时用触摸屏输入电源频率值进行无级调速最为便利。由触摸屏、变频器、PLC 与模拟量输出扩展模块组成的无级调速系统框图如图 10-38 所示，在触摸屏界面上输入 0～50Hz，经 PLC 运算后通过 EM235 输出 0～10V 模拟电压信号去控制变频器的输出频率，从而调整电动机的转速。

0～50
0～32000
0～10V
0～50Hz
触摸屏
PLC
EM235
变频器
电动机

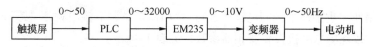

图 10-38 触摸屏、PLC 组成的模拟量无级调速系统框图

控制要求是：电动机起始频率为 40Hz，使用触摸屏设置电动机调速运行频率范围为 35～50Hz。触摸屏的控制画面如图 10-39 所示，运行频率与变量存储器 VW0 关联。

由触摸屏 TP177A、S7-200、模拟量扩展模块 EM235 和变频器 MM420 组成的无级调速控制电路如图 10-40 所示，PLC 输入/输出端口分配见表 10-3。

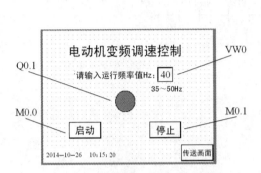

图 10-39 触摸屏控制画面与关联数据

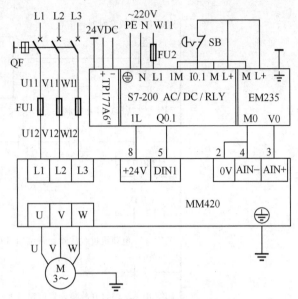

图 10-40 无级调速控制电路

表 10-3   输入/输出端口分配表

输 入 端 口			输 出 端 口		
输入继电器	输入器件	作用	输出继电器	输出器件	控制对象
I0.1	SB（常闭触点）	紧急停止按钮	Q0.1	DIN1	变频器数字输入端 1

在实际生产中紧急停止按钮用于紧急情况下停机，紧急停止按钮通常使用红色蘑菇头状具有断开保持功能的常闭触点，按下后要旋转按钮的蘑菇头才能复位。

PLC 的输出公共端 1L 与变频器的+24V 端连接，输出端 Q0.1 与变频器的数字输入端 DIN1 连接。当 Q0.1 导通时，变频器获得正转控制信号，否则变频器停止输出。

触摸屏由外部 24V 直流电源供电，与 PLC 构成 PPI 主从站通信网络。

PLC 通过 10 芯扁平通信电缆向 EM235 提供 5V 直流电源和数据传送。PLC 的 24V 直流电源（L+、M 端）为 EM235 供电。EM235 的模拟量输出公共端 M0 与变频器的模拟量输入负极 AIN−端和 0V 端连接，模拟电压输出端 V0 与变频器的模拟量输入正极 AIN+端连接，变频器的输出频率受 EM235 输出模拟电压信号控制。

10.4.2 设置变频器参数

变频器使用外部数字端子控制电动机运行，使用模拟量调节输出频率。接通低压断路器 QF，使变频器通电，按现场电动机设置变频器参数，见表 10-4。

表 10-4   变频器参数设置表

序 号	参数代号	出厂值	设置值	说　　明
1	P0010	0	30	调出厂设置参数，准备复位
2	P0970	0	1	恢复出厂值
3	P0003	1	3	参数访问专家级
4	P0010	0	1	启动快速调试

续表

序 号	参数代号	出厂值	设置值	说　　明
5	P0304	400	380	电动机的额定电压（V）
6	P0305	1.90	0.39	电动机的额定电流（A）
7	P0307	0.75	0.06	电动机的额定功率（kW）
8	P0311	1395	1400	电动机的额定速度（r/min）
9	P0700	2	2	不修改，默认外部数字端子控制
10	P0701	1	1	不修改，默认数字端子 DIN1 功能为接通正转/断开停车
11	P1000	2	2	不修改，默认模拟设定频率值
12	P3900	0	1	结束快速调试，保留快速调试参数，复位出厂值

10.4.3　组态过程

1. 创建新项目

双击 Windows 桌面上"WinCC flexible"图标，在首页选择"创建一个空项目"，在出现的设备对话框中选择所使用的触摸屏（TP 177A 6″）。选择合适的路径和文件名保存项目。

2. 配置通信连接

默认连接名称为"连接_1"，默认 TP177A 6″ 的地址为"1"，PLC 的地址为"2"。

设置区域指针框中"日期/时间 PLC"的地址为 VW100。

3. 添加画面和文本域

添加画面，将画面_1 更名为控制画面，画面_2 更名为传送画面，添加画面切换按钮。

在控制画面上添加 3 个文本域，分别为"电动机变频调速控制""请输入运行频率值 Hz:"和"30～50Hz"。

4. 建立变量

建立 4 个变量，其中变量"启动按钮"地址为 M0.0，变量"停止按钮"地址为 M0.1，变量"电动机"地址为 Q0.1。变量"输入频率"的数据类型为有符号整数 Int，地址为"VW0"。在"属性"→"限制值"选项中，设置上限为 50，下限为 35，如图 10-41 所示。

5. 添加按钮和电动机

在控制画面上添加"启动"和"停止"两个按钮。添加"电动机"圆形图标，在"动画"→"可见性"对话框中选择"隐藏"。

在传送画面上添加"传送"按钮，传送按钮与函数 SetDeviceMode 关联，并在函数的下一行"运行模式"中选择"下载"。

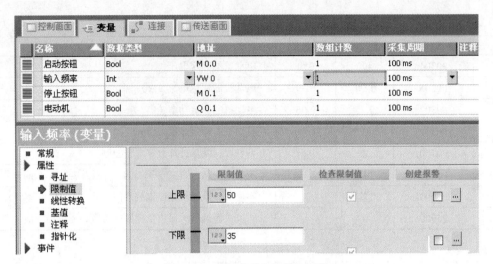

图 10-41　设置变量和数值上下限

6. 添加 IO 域

使用 IO 域可以输入/输出变量与常量，包括数据长度、小数点和限制值等。单击"工具" → "简单对象"栏中的"IO 域"，将 IO 域图标 ab 拖放到控制画面上。

在 IO 域"常规"对话框中，选择类型模式为"输入/输出"，过程变量与"输入频率"关联，选择格式类型为"十进制"，选择格式样式为"两位数字"，无小数点，如图 10-42 所示。

图 10-42　IO 域的常规属性

在 IO 域的"属性"→"外观"对话框中，选择边框样式为"实心的"，如图 10-43 所示。

图 10-43　IO 域的外观属性

组态画面完成后，进行仿真测试，当仿真结果符合控制要求后，进行下载。

10.4.4 PLC 控制程序

CPU226 的通信端口 0 与计算机连接，下载和监控 PLC 程序，端口 1 与触摸屏构成 PPI 网络。默认端口 0 和端口 1 的地址为 2，波特率修改为 19.2kbit/s。若使用的 CPU 模块只有一个通信端口，则端口地址默认为 2，波特率修改为 19.2kbit/s。计算机通信端口的波特率也设为 19.2kbit/s。

用编程电缆连接计算机与 PLC，PLC 控制程序如图 10-44 所示。编译无误后下载至 PLC。

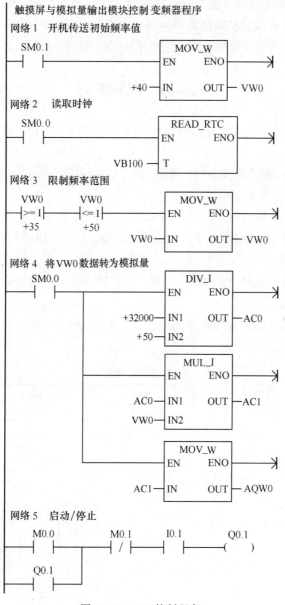

图 10-44 PLC 控制程序

程序网络 1，初始化脉冲 SM0.1 将起始频率 40Hz 传送到 VW0。

程序网络 2, SM0.0 始终读取 PLC 时钟信息到 VB100, 使触摸屏显示时钟与 PLC 同步。

程序网络 3, 虽然在组态画面的变量"输入频率"属性中已经设置频率上限值 50 和下限值 35, 但为了保证安全生产, 对重要的参数在 PLC 程序中再加以限制也不多余。

程序网络 4, 因为 VW0 中的频率数值 0 ~ 50 对应 PLC 的模拟量控制数值 0 ~ 32 000, 所以计算公式为 32 000/50×（VW0）。32 000 除以 50 的商（640）存入累加器 AC0,（AC0）与（VW0）的乘积存入 AC1, 然后传送到 AQW0。虽然在程序中直接用 640 与（VW0）相乘较简单, 但知道计算公式的来源, 更容易理解程序。

程序网络 5, 当触摸"启动"按钮 M0.0 时, Q0.1 通电自锁, 接通变频器的正转控制端。当触摸"停止"按钮 M0.1 或按下紧急停止按钮 I0.1 时, Q0.1 断电, 变频器停止输出。

AQW0 中的数据经模拟量扩展模块 D/A 转换为模拟电压信号从 V0 输出到变频器的模拟电压控制端, 使变频器输出对应的频率值, 从而控制电动机的转速。

10.4.5 逻辑测试

（1）按图 10-40 所示控制电路连接触摸屏、PLC 和 EM235。暂不连接变频器, 不启动电动机运转。

（2）用网络连接器（或自制 RS-485 网络电缆）连接触摸屏通信端口 1F1B 与 CPU 226 的通信端口 1, 组成主从两站的 PPI 网络。

（3）用 10 芯扁平电缆连接 CPU226 与 EM235, 用 PLC 的 24V 电源为 EM235 供电。

（4）用编程电缆连接计算机与 CPU 226 的通信端口 0, 在 PLC 程序状态表中监控 VW0、AQW0 的数值。

（5）连接无误后接通触摸屏和 PLC 电源, EM235 的+24V 电源指示灯亮, 用万用表测量 EM235 模拟输出电压值。

（6）开机后触摸屏显示运行频率为 40Hz, VW0、AQW0 的状态表监控值和模拟输出电压测量值见表 10-5。

表 10-5   逻辑测试结果

序　号	屏幕频率	VW0	AQW0	模拟电压值（V）
1	40	+40	25 600	8.00
2	50	+50	32 000	10.0
3	35	+35	22 400	7.00

（7）输入新的频率值。触摸屏幕 IO 域图形, 使用在屏幕上显现的如图 10-45 所示的小键盘, 可输入数个新的频率值, 并与表 10-5 中数据做对比。若输入数字超过上、下限, 则输入数字无效。按下小键盘右下角的确认键后, 小键盘自动消隐。

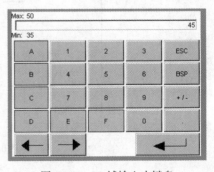

图 10-45　IO 域输入小键盘

10.4.6　实习操作步骤

（1）按图 10-40 所示控制电路连接变频器。将 PLC 输出端子 1L、Q0.1 与变频器 MM420 的+24V、DIN1 端子连接；将 EM235 的 M0 端子与变频器的 AIN－和 0V 端子连接；将 EM235 的 V0 端子与变频器 AIN+端子连接。连接无误后接通系统全部设备的电源。

（2）电动机启动。开机后屏幕显示运行频率为 40Hz，当触摸屏幕"启动"按钮时，电动机加速运转，变频器的 BOP 面板上频率值逐步上升至 40Hz。

（3）电动机停止。当触摸屏幕"停止"按钮或按下紧急停止按钮时，电动机减速停转，BOP 面板上频率值下降至 0Hz。

（4）调速。触摸屏幕 IO 域图形，使用屏幕小键盘输入新的频率值，则电动机调速运转。

（5）操作完毕断开系统全部设备的电源。

练习题

1. 如何在画面中添加按钮？
2. 如何在画面中添加指示灯？
3. 在 PPI 网络中触摸屏与 PLC 的网络地址和波特率分别是多少？
4. 为什么在插拔通信电缆前要断开 PLC 和触摸屏的电源？
5. 如何在画面中添加画面切换按钮？
6. 如何在画面中显示日期和时间？
7. 一个字型变量可以组态多少个离散量报警变量？
8. 如何在画面中添加 IO 域，IO 域有什么功能？
9. 如何为变量"输入频率"设置上限值和下限值？

附录 1

CPU 存储范围和特性总汇表

描述	范围				存取格式			
	CPU 221	CPU 222	CPU 224	CPU 226	位	字节	字	双字
用户程序区	4 096 个字节	4 096 个字节	8 192 个字节	16 384 个字节				
用户数据区	2 048 个字节	2 048 个字节	8 192 个字节	10 240 个字节				
输入映像寄存器	I0.0~I15.7	I0.0~I15.7	I0.0~I15.7	I0.0~I 15.7	Ix.y	IBx	IWx	IDx
输出映像寄存器	Q0.0~Q15.7	Q0.0~Q15.7	Q0.0~Q15.7	Q0.0~Q15.7	Qx.y	QBx	QWx	QDx
模拟输入（只读）	—	AIW0~AIW30	AIW0~AIW62	AIW0~AIW62			AIWx	
模拟输出（只写）	—	AQW0~AQW30	AQW0~AQW62	AQW0~AQW62			AQWx	
变量存储区	VB0~VB2047	VB0~VB2047	VB0~VB8191	VB0~VB10239	Vx.y	VBx	VWx	VDx
局部存储器	LB0.0~LB63.7	LB0.0~LB63.7	LB0.0~LB63.7	LB0.0~LB63.7	Lx.y	LBx	LWX	LDx
位存储区	M0.0~M31.7	M0.0~M31.7	M0.0~M31.7	M0.0~M31.7	Mx.y	MBx	MWx	MDx
特殊存储器	SM0.0~SM179.7	SM0.0~SM299.7	SM0.0~SM549.7	SM0.0~SM549.7	SMx.y	SMBx	SMWx	SMDx
只读部分	SM0.0~SM29.7	SM0.0~SM29.7	SM0.0~SM29.7	SM0.0~SM29.7				
定时器	T0~T255	T0~T255	T0~T255	T0~T255	Tx		Tx	
计数器	C0~C255	C0~C255	C0~C255	C0~C255	Cx		Cx	
高速计数器	HC0、HC3~HC5	HC0、HC3~HC5	HC0~HC5	HC0~HC5				HCx
顺控继电器	S0.0~S31.7	S0.0~S31.7	S0.0~S31.7	S0.0~S31.7	Sx.y	SBx	SWx	SDx
累加器	AC0~AC3	AC0~AC3	AC0~AC3	AC0~AC3		ACx	ACx	ACx
跳转/标号	0~255	0~255	0~255	0~255				
调用/子程序	0~63	0~63	0~63	0~127				
中断程序	0~127	0~127	0~127	0~127				
PID 回路	0~7	0~7	0~7	0~7				
通信口	0	0	0	0、1				

特殊存储器标志位提供大量的状态和控制功能，用来在 PLC 和用户程序之间交换信息。

（1）SMB0：状态位。如附表 2-1 所示，SMB0 有 8 个状态位，在每个扫描周期结束时，由 CPU 更新这些位。

附表 2-1　　　　　　　　　　　特殊存储器字节 SMB0

SM 位	描　述
SM0.0	该位始终为 1
SM0.1	该位在首次扫描时为 1，用途之一是调用初始化子程序
SM0.2	若保持数据丢失，则该位在一个扫描周期中为 1。该位可用作错误存储器位，或用来调用特殊启动顺序功能
SM0.3	开机后进入 RUN 方式，该位将 ON 一个扫描周期，该位可用作在启动操作之前给设备提供一个预热时间
SM0.4	该位提供了一个时钟脉冲，30s 为 1，30s 为 0，周期为 1min，它提供了一个简单易用的延时或 1min 的时钟脉冲
SM0.5	该位提供了一个时钟脉冲，0.5s 为 1，0.5s 为 0，周期为 1s。它提供了一个简单易用的延时或 1s 的时钟脉冲
SM0.6	该位为扫描时钟，本次扫描时置 1，下次扫描时置 0。可用作扫描计数器的输入
SM0.7	该位指示 CPU 工作方式开关的位置（0 为 TERM 位置，1 为 RUN 位置）。当开关在 RUN 位置时，用该位可使自由端口通信方式有效，那么当切换至 TERM 位置时，同编程设备的正常通信也会有效

（2）SMB1：状态位。如附表 2-2 所示，SMB1 包含了各种潜在的错误提示，这些位因指令的执行被置位或复位。

附表 2-2　　　　　　　　　　　特殊存储器字节 SMB1

SM 位	描　述
SM1.0	当执行某些指令，其结果为 0 时，将该位置 1
SM1.1	当执行某些指令，其结果溢出或查出非法数值时，将该位置 1
SM1.2	当执行数学运算，其结果为负数时，将该位置 1
SM1.3	试图除以零时，将该位置 1

续表

SM 位	描　　述
SM1.4	当执行 ATT（Add to Table）指令时，试图超出表范围时，将该位置 1
SM1.5	当执行 LIFO 或 FIFO 指令，试图从空表中读数时，将该位置 1
SM1.6	当试图把一个非 BCD 数转换为二进制数时，将该位置 1
SM1.7	当 ASCII 码不能转换为有效的十六进制数时，将该位置 1

（3）SMB2：自由端口接收字符缓冲区。

（4）SMB3：自由端口奇偶校验错误。

（5）SMB4：队列溢出。SMB4 包含中断队列溢出位、中断允许标志位和发送空闲位等。

（6）SMB5：I/O 错误状态。

（7）SMB6：CPU 标识（ID）寄存器。

（8）SMB8～SMB21：I/O 模块标识与错误寄存器。

（9）SMB22～SMB27：扫描时间。以 ms 为单位的上一次扫描时间（SMW22）、最短扫描时间（SMW24）和最长扫描时间（SMW26）。

（10）SMB28 和 SMB29：模拟电位器。SMB28、SMB29 包含代表模拟电位器 0、1 位置的数字值。

（11）SMB30 和 SMB130：自由端口控制寄存器。

（12）SMB31 和 SMB32：EEPROM 写控制。

（13）SMB34 和 SMB35：定时中断的时间间隔寄存器。SMB34 和 SMB35 用于设置定时器中断 0 与定时器中断 1 的时间间隔（1～255ms）。

（14）SMB36～SMB65：HSC0、HSC1、HSC2 寄存器。如附表 2-3 所示，SMB36～SMB65 用于监视和控制高速计数 HSC0、HSC1 和 HSC2 的操作。

附表 2-3　　　　　　　　　特殊存储器字节 SMB36～SMB65

SM 位	描　述（只读）
SM36.0～SM36.4	保留
SM36.5	HSC0 当前计数方向位：1=增计数
SM36.6	HSC0 当前值等于预设值位：1=等于
SM36.7	HSC0 当前值大于预设值位：1=大于
SM37.0	HSC0 复位的有效控制位：0=高电平复位有效，1=低电平复位有效
SM37.1	保留
SM37.2	HSC0 正交计数器的计数速率选择：0=4x 计数速率；1=1x 速率
SM37.3	HSC0 方向控制位：1=增计数
SM37.4	HSC0 更新方向：1=更新方向
SM37.5	HSC0 更新预设值：1=向 HSC0 写新的预设值
SM37.6	HSC0 更新当前值：1=向 HSC0 写新的初始值
SM37.7	HSC0 有效位：1=有效

SM 位	描　述（只读）
SMD38	HSC0 新的初始值
SMD42	HSC0 新的预置值
SM46.0～SM46.4	保留
SM46.5	HSC1 当前计数方向位：1=增计数
SM46.6	HSC1 当前值等于预设值位：1=等于
SM46.7	HSC1 当前值大于预设值位：1=大于
SM47.0	HSC1 复位的有效控制位：0=高电平复位有效，1=低电平复位有效
SM47.1	HSC1 启动有效电平控制位：0=高电平，1=低电平
SM47.2	HSC1 正交计数器的计数速率选择：0=4x 计数速率；1=1x 速率
SM47.3	HSC1 方向控制位：1=增计数
SM47.4	HSC1 更新方向：1=更新方向
SM47.5	HSC1 更新预设值：1=向 HSC1 写新的预设值
SM47.6	HSC1 更新当前值：1=向 HSC1 写新的初始值
SM47.7	HSC1 有效位：1=有效
SMD48	HSC1 新的初始值
SMD52	HSC1 新的预置值
SM56.0～SM56.4	保留
SM56.5	HSC2 当前计数方向位：1=增计数
SM56.6	HSC2 当前值等于预设值位：1=等于
SM56.7	HSC2 当前值大于预设值位：1=大于
SM57.0	HSC2 复位的有效控制位：0=高电平复位有效，1=低电平复位有效
SM57.1	HSC2 启动有效电平控制位：0=高电平，1=低电平
SM57.2	HSC2 正交计数器的计数速率选择：0=4x 计数速率；1=1x 速率
SM57.3	HSC2 方向控制位：1=增计数
SM57.4	HSC2 更新方向：1=更新方向
SM57.5	HSC2 更新预设值：1=向 HSC2 写新的预设值
SM57.6	HSC2 更新当前值：1=向 HSC2 写新的初始值
SM57.7	HSC2 有效位：1=有效
SMD58	HSC2 新的初始值
SMD62	HSC2 新的预置值

（15）SMB66～SMB85：PTO/PWM 寄存器。

（16）SMB86～SMB94：端口0接收信息控制。

（17）SMW98：扩展总线错误计数器。

（18）SMB130：自由端口1控制寄存器。

（19）SMB131～SMB165：HSC3、HSC4、HSC5寄存器。如附表2-4所示，SMB131～SMB165用于监视和控制高速计数HSC3、HSC4和HSC5的操作。

附表 2-4　　　　　　　　　　特殊存储器字节 SMB131～SMB165

SM 位	描　　述（只读）
SMB131～SMB135	保留
SM136.0～SM136.4	保留
SM136.5	HSC3 当前计数方向位：1=增计数
SM136.6	HSC3 当前值等于预设值位：1=等于
SM136.7	HSC3 当前值大于预设值位：1=大于
SM137.0～SM137.2	保留
SM137.3	HSC3 方向控制位：1=增计数
SM137.4	HSC3 更新方向：1=更新方向
SM137.5	HSC3 更新预设值：1=向 HSC3 写新的预设值
SM137.6	HSC3 更新当前值：1=向 HSC3 写新的初始值
SM137.7	HSC3 有效位：1=有效
SMD138	HSC3 新的初始值
SMD142	HSC3 新的预置值
SM146.0～SM146.4	保留
SM146.5	HSC4 当前计数方向位：1=增计数
SM146.6	HSC4 当前值等于预设值位：1=等于
SM146.7	HSC4 当前值大于预设值位：1=大于
SM147.0	HSC4 复位的有效控制位：0=高电平复位有效，1=低电平复位有效
SM147.1	保留
SM147.2	HSC4 正交计数器的计数速率选择：0=4x 计数速率；1=1x 速率
SM147.3	HSC4 方向控制位：1=增计数
SM147.4	HSC4 更新方向：1=更新方向
SM147.5	HSC4 更新预设值：1=向 HSC4 写新的预设值
SM147.6	HSC4 更新当前值：1=向 HSC4 写新的初始值
SM147.7	HSC4 有效位：1=有效
SMD148	HSC4 新的初始值
SMD152	HSC4 新的预置值
SM156.0～SM156.4	保留
SM156.5	HSC5 当前计数方向位：1=增计数
SM156.6	HSC5 当前值等于预设值位：1=等于
SM156.7	HSC5 当前值大于预设值位：1=大于
SM157.0～SM157.2	保留
SM157.3	HSC5 方向控制位：1=增计数
SM157.4	HSC5 更新方向：1=更新方向
SM157.5	HSC5 更新预设值：1=向 HSC5 写新的预设值

续表

SM 位	描　　述（只读）
SM157.6	HSC5 更新当前值：1=向 HSC5 写新的初始值
SM157.7	HSC5 有效位：1=有效
SMD158	HSC5 新的初始值
SMD162	HSC5 新的预置值

（20）SMB166～SMB185：PTO0 和 PTO1 包络定义表。

（21）SMB186～SMB194：端口1接收信息控制。

（22）SMB200～SMB594：智能模块状态。SMB200～SMB594预留给智能扩展模块的状态信息。

S7-200 系列 CPU 模块端子图

S7-200 系列 CPU 模块外端子图分别如附图 3-1～附图 3-8 所示。

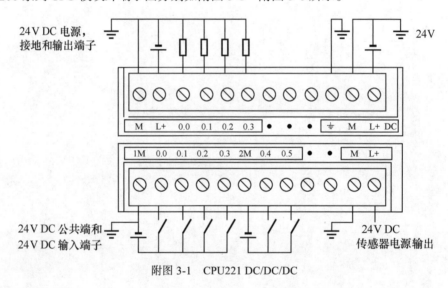

附图 3-1　CPU221 DC/DC/DC

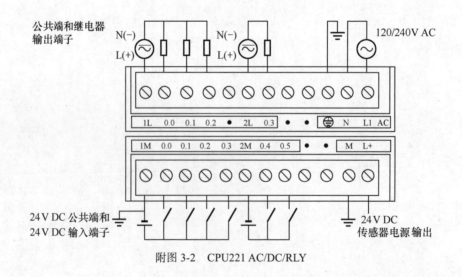

附图 3-2　CPU221 AC/DC/RLY

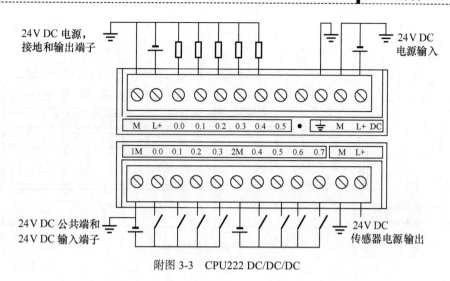

24V DC 电源,
接地和输出端子

24V DC
电源输入

M L+ 0.0 0.1 0.2 0.3 0.4 0.5 • M L+ DC

1M 0.0 0.1 0.2 0.3 2M 0.4 0.5 0.6 0.7 M L+

24V DC 公共端和
24V DC 输入端子

24V DC
传感器电源输出

附图 3-3　CPU222 DC/DC/DC

公共端和继电器
输出端子

N(−)
L(+)

N(−)
L(+)

120/240V AC

1L 0.0 0.1 0.2 • 2L 0.3 0.4 0.5 N L1 AC

1M 0.0 0.1 0.2 0.3 2M 0.4 0.5 0.6 0.7 M L+

24V DC 公共端和
24V DC 输入端子

24V DC
传感器电源输出

附图 3-4　CPU222 AC/DC/RLY

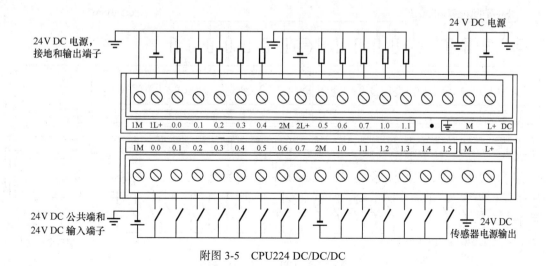

24V DC 电源,
接地和输出端子

24 V DC 电源

1M 1L+ 0.0 0.1 0.2 0.3 0.4 2M 2L+ 0.5 0.6 0.7 1.0 1.1 • M L+ DC

1M 0.0 0.1 0.2 0.3 0.4 0.5 0.6 0.7 2M 1.0 1.1 1.2 1.3 1.4 1.5 M L+

24V DC 公共端和
24V DC 输入端子

24V DC
传感器电源输出

附图 3-5　CPU224 DC/DC/DC

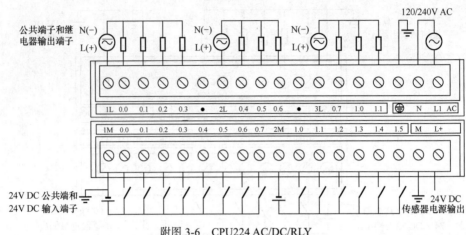

附图 3-6　CPU224 AC/DC/RLY

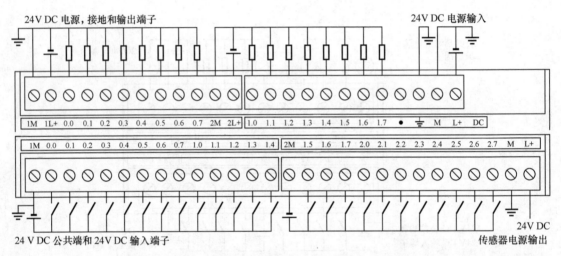

附图 3-7　CPU226 DC/DC/DC

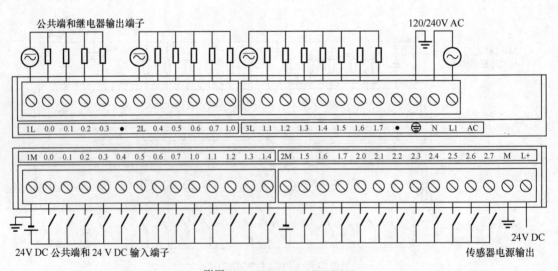

附图 3-8　CPU226 AC/DC/RLY